建筑与农业：
乡村设计导则

［美］杜威·索贝克　著

张昊　梁庄　卓佳　译

中国建筑工业出版社

著作权合同登记图字：01-2019-0103号

图书在版编目（CIP）数据

建筑与农业：乡村设计导则／（美）杜威·索贝克著；张昊，
梁庄，卓佳译. —北京：中国建筑工业出版社，2019.6
书名原文：Architecture and Agriculture: A Rural Design Guide
ISBN 978-7-112-23590-2

Ⅰ.①建… Ⅱ.①杜… ②张… ③梁… ④卓… Ⅲ.①乡村规划
Ⅳ.① TU98

中国版本图书馆 CIP 数据核字（2019）第 068154 号

责任编辑：李　婧
责任校对：赵　菲

建筑与农业：乡村设计导则
[美]杜威·索贝克　著
张昊　梁庄　卓佳　译
*
中国建筑工业出版社出版、发行（北京海淀三里河路9号）
各地新华书店、建筑书店经销
北京锋尚制版有限公司制版
北京建筑工业印刷厂印刷
*
开本：787×1092毫米　1/16　印张：14½　字数：264千字
2019年9月第一版　2019年9月第一次印刷
定价：55.00元
ISBN 978 - 7 - 112 - 23590 - 2
（33818）
版权所有　翻印必究
如有印装质量问题，可寄本社退换
（邮政编码100037）

目录

序

收到杜威·索贝克《建筑与农业：乡村设计导则》一书的译稿时，我感到十分欣慰。这是一部乡村设计领域的创新之作。

随着近几十年中国城镇化的快速发展，城市和乡村的空间正经历着新一轮的重构。中国城市规划设计研究院村镇规划研究所，作为核心团队积极参与到村镇领域的研究中，将国外实践经验与我国的城乡建设相结合，进行了许多有益的探索。可贵的是，本书译者在"我国典型地区农村人居环境"课题研究的基础上，整理出中文译稿。

作者杜威·索贝克（Dewey Thorbeck）是一位乡村设计领域的实践先锋。他于1997年在美国明尼苏达大学创立了乡村设计中心，努力推动乡村设计和建筑的发展。并于2010年组建了世界乡村发展委员会（WRDC），希望全世界的乡村地区在经济和环境方面能实现可持续发展。

杜威·索贝克关于乡村设计的创新理念集中体现在普遍联系及其整体性的思想上。他认为要解决乡村问题，应站在城市和乡村共同的角度，系统而全面地看待这些问题。乡村设计能够提供一种新的设计思维方式，可以与他人建立真正的联系并产生影响，让彼此互相协作，实现更为美好的未来。

值得关注的是，书中还对乡村设计做了较深入的探讨。乡村设计与城市设计有许多相似之处，但却是一个解决问题的过程。它提供一个综合的相互不断循环影响的体系，可以将跨学科的知识整合，从而提升城市和乡村的生活质量。探索这种综合而富于创新性设计的理论将有助于我国设计领域的发展。

此外，书中大量的乡村设计案例，遍布美国、挪威、澳大利亚等国，提及的乡村现象和问题与当前中国十分类似。希望这些实践案例能给关注乡村设计的读者和专业人员提供一些具有实际意义的帮助和参考。

邹德慈

2019年6月28日

致谢

　　有一天我妻子问起，我写作第二本关于建筑和农业的书的原因是什么。我对她说，这是我肩负的责任，因为我希望能让世界变得更美好，能通过自己的努力推动乡村设计和建筑的发展，并且让全世界的乡村地区在经济和环境方面实现可持续发展。

　　在我的第一本书《乡村设计：一门全新的设计学科》中，我探讨了乡村景观、农业、乡村地区等一系列问题，以及问题解决型的乡村设计理念是如何解决这些问题的。当时我得到了由格雷厄姆美术高级研究基金会（Graham Foundation for Advanced Studies in the Fine Arts）的资助，用于写作上一本介绍农业建筑的书。而在这本书《建筑与农业：乡村设计导则》中，我在之前的基础上更加细致地探讨了乡村议题的内涵、乡村与城市之间的内在联系，以及人文精神是如何塑造了乡村建筑和农业，并融入世界各国文化的。无数土生土长的原住民创造了与土地和谐共处的生存方式，包括了各式各样的农业系统，这种方式能帮助我们构想和设计一个城乡共荣的可持续未来。

　　我要感谢两位朋友——戴维（David）和克莱尔·弗雷姆（Claire Frame）。他们都是退休教师，并且都曾以美国和平护卫队（Peace Corps）志愿者的身份于20世纪60年代在马拉维和东非担任过教学工作，他们前段时间刚回去参观了这两个阔别48年之久的国家。在和平护卫队组织工作的经历让他们对世界有了更深刻的认识，并且在工作过程中拍摄了途经国家和地区的照片，而这些地方连大多数资深的旅行家都未曾踏足过。他们为本书的写作过程提供了深刻见解、珍贵的图片和评语，在此我深表感谢。

　　还要特别提出的是，为本书奉献原创图片及相关信息的多位专业建筑师，他们来自世界各地，我由衷地感谢他们慷慨的帮助。他们是：澳大利亚的彼得·施图赫伯里（Peter Stuchbury）、美国俄勒冈的布拉德·克罗普菲尔（Brad Cloepfil）、挪威的克努特·耶尔特斯（Knut Hjeltnes）、美国肯塔基州的罗伯托·德利昂（Roberto de Leon）、中国的林君翰（John Lin）、葡萄牙的弗朗西斯科·比埃拉·德孔波斯（Francisco Viera De

Compos）以及活跃于中国和美国加利福尼亚州的马清运（Quingyun Ma），此外还有美国密歇根州的玛丽·安·雷（Mary Ann Ray）和罗伯特·芒安（Robert Mangurian），以及波兰的伊雷娜·尼德维切卡-菲利皮亚克（Irena Niedzwiecka-Filipiak）。

其他建筑师用文字或口述的方式，分享了他们在乡村问题和建筑工程上的观点和相关经验，在此我也向他们深表谢意。他们是：中国的赵晓梅博士（Zhao Xiaomei）、澳大利亚的凯丽·阿拉韦纳博士（Kerry Arabena）和约翰·特劳顿博士（John Troughton）、美国的安德鲁·瓦尔德（Andrew Wald）和凯瑟琳·斯旺森（Katherine Swanson）、美国明尼苏达州的阿万特·埃内吉（Avant Energy）、美国爱荷华州的彼得·桑斯加德（Peter Sonstegaard）、美国明尼苏达州的阿格·瑞莱（Ag Reliant）、活跃于挪威和美国明尼苏达州的泰耶.克里斯滕森博士（Teije Kristensen）、美国明尼苏达州的保罗·伊姆勒（Paul Imle）、凯西·伊姆勒（Kathy Imle）及其家人，以及美国肯塔基州的邓肯·泰勒（Duncan Taylor）及其家人。

我还要衷心感谢中国文化部的蒋好书女士（Jiang Haoshu），对她在组织和管理世界绿色设计组织（WGDO）和世界乡村发展委员会（WRDC）的出色表现表示感谢。她曾邀请我参加2013年在中国举办的世界绿色设计组织大会并发表关于设计的讲话，又于2015年再次邀请我参加在北京举行的世界乡村发展委员会的成立仪式，还任命我为该机构的副会长。此外，她还帮助我将第一本书译成汉语并通过电子工业出版社（PHEI）在中国发行，对此我感激不尽。

我还要特别感谢托马斯·费希尔（Thomas Fisher），明尼苏达大学设计学院的前任院长，现为明尼苏达设计中心（The Minnesota Design Center）主任。他在文学界和教育界声望卓著，我很荣幸邀请他为我的第一本书和这本书撰写前言。此外，我还要感谢景观建筑师史蒂芬·鲁斯（Stephen Roos），他是我在乡村设计中心（The Center for Rural Design）多年的同事，也是一位资深的学者。他协助乡村设计中心扩大视野、建立使命感，作出了巨大的贡献，并且在我们多年来共同参与的乡村设计工程中承担了重要的管理工作。

我还要隆重感谢本书的组稿编辑弗兰切斯卡·福特（Francesca Ford），他提供了专业支持、创新性建议和辅助工作；还有劳特利奇（Routledge）出版社和泰勒·弗朗西斯（Taylor Francis）集团的整个团队，在确立本书目标和所涉及领域方面作出了贡献。我还要感谢五位匿名审校专家对最终的书稿提供了宝贵的意见。

与第一本书一样，我要特别感谢我一生的挚爱，莎伦（Sharon）。她不仅是我的妻子，也是我最好的朋友和事业上的同伴。她把我们的居家生活和外出活动都安排得井井有条。没有她的关爱、包容和鼓励，我无法想象如何能完成这本书的写作。谨以此书献给我的妻子和孩子们，以及七个可爱的孙女，祝愿她们能实现自己的人生追求：考莉（Callie），即将开始她独一无二的大学生涯；朱莉娅（Julia），正在读高中，聪明伶俐，才华横溢；贝莉（Bailey），热爱体育和设计；莱莉（Riley），拥有管理、游泳和体操天赋；雷米（Remy），热爱冰球，可爱又淘气；爱笑的艾迪生（Addison），好学又无所不能；还有聪明的西耶娜（Siena），是个富于创意的艺术家。

他们的存在让我时刻谨记，对美好生活和可持续的城市和乡村的未来保持幻想是如此重要。

前言：乡村设计的兴起

在《自然的创造》（*The Invention of Nature*）一书中，安德里亚·伍尔夫（Andrea Wulf）介绍了19世纪的科学家亚历山大·冯·洪堡（Alexander von Humboldt），他让我们意识到自然界是一个有机、整体的过程。而这本书的作者杜威·索贝克（Dewey Thorbeck）让我们以同样的方式审视乡村环境。这与他的上一本著作《乡村设计：一门新的设计学科》一样，展现了城市与乡村紧密联系的多种方式，它们都是人类设计理念的产物且平等共存。另外，索贝克在两本书中也揭示了一些我们在理解和看待乡村地区时所忽略的方面。

在谈到独立的建筑时，他启发我们思考，为什么大多数农业建筑会被排除在人身安全保护条例适用范围之外。实际上它们其实已经不再是以前的那种木结构的农场建筑，而是宽敞的工业级别的建筑物。本书的作者提出，既然早在一个多世纪以前，在城市工厂中工人受伤甚至死亡的状况催生了人身安全保护条例，那么如今乡村地区的建筑规模与城市工厂已无二致，这些条例也应同样适用。目前，农业生产依然是安全风险最高的工作之一，我们难道不应该为其设计更为安全的设施吗？此外，随着城市农耕的兴起，难道还依据房屋使用性质的"农"与"非农"对紧邻的两栋建筑使用差别性的人身安全保护条例吗？

索贝克还提出了一些聚焦地域性的问题。农场曾经高度自给自足，但偏远的农场及其建筑物的配套基础设施的建设和维护，已经成为一项沉重的负担。本书认为，太阳能、风能和生物能等可再生能源，可以提供一条更加可持续的和适应性强的发展道路，从而降低基础设施的成本，并助力农民和当地乡村经济。同时，包括宽带互联网在内的数字基础设施服务已经成为乡村经济发展的关键。索贝克在本书中描绘了他的一个设想，即在每一个村落上空放飞一个云团形状的气球，为居民提供廉价的无线互联网接入服务，此外气球还可以在白天为公共场所遮阴、在夜间为街道照明。这个想法充分体现了设计理念带来的奇妙创新思维。

确实，乡村设计能给农业社区带来的最有价值的资源或许就是设计理念。索贝克在本书中列举了多个案例，充分地证明了这一点。他介绍的乡村建筑都具备适应气候和地区特点、降低能源消耗和对资源的依赖性等特点，并且这些农场建筑物与其兴建初衷及所在地域充分契合。在一些人看来，乡村经济的转型之难和乡村村落的维系之苦，显得这些建筑物的设计与乡村地区面临的问题格格不入，或者似乎对解决问题毫无帮助；但事实恰恰相反，正如索贝克所说，乡村设计可以帮助农业社区重拾曾经不断传承的乡村特色的创造力，并利用设计理念，创造更适合 21 世纪时代背景的新的生活和劳作方式。植物、动物和土壤等领域的科学成就已经极大地改良了食物的生产方式，但生产效率的提高也对农民的生计和农耕村落的兴旺造成了破坏。乡村设计能够直接、系统地解决后者带来的问题。虽然人类几千年来一直在设计乡村景观，但从开始耕种作物和饲养牲畜的历史算起，乡村设计却是在近些年才作为一门学科和研究领域出现，而这在很大程度上缘于索贝克的引领。

索贝克在上一本著作及本书中说明，如果人类不能采用更加全面、综合的眼光和富于创意的方式，那么乡村地区的家庭个体和整个社区所面临的各种问题会更加复杂交缠、难以解决。设计师们一直以来就善于和其他各领域的专业人士合作，从而完成工程或解决问题，如今乡村设计将这种合作能力应用到了解决乡村社区和景观的复杂问题上。同时，设计师们在实践中会从不同的角度剖析问题或用更广阔的视角来观察分析，以期找到更富创意或优化的解决方案。

而外界对设计师普遍存在着误解，认为他们要么只在乎审美效果，要么不计成本又爱拖延。索贝克通过本书中收录的自己和其他设计师的作品多次作了澄清，优秀的设计不会如此。精心完成的设计，其建设周期成本更低，长期性能更优，并且最终建成效果更加美观，而这些实用价值能很好地满足农业社区的要求，并且从多个方面将乡村设计的作品与众多着眼于城市的设计师的作品区别开来。对于一些大城市的设计师来说，设计的时尚性重于实用性。而在大多数乡村地区，设计的实用性是重中之重，但这并不意味着乡村建筑就可以丑陋或廉价。索贝克通过本书案例说明，实用性强的建筑也可以兼具美观和简约的特点，而最具创意的建筑往往用直观和务实的风格彰显设计师返璞归真的解决之道。

正如亚历山大·冯·洪堡的著作改变了我们对自然的认知，并给人对待自然世界的态度带来翻天覆地的变化，索贝克关于乡村设计的文章改变了我们对乡村景观和社区的看法，让它们看起来不再是零散而孤立的了。全世界乡村地区所保留的生态系统，和首次被冯·洪堡写入笔下的那些自然地域一样地和谐美好。既然这些乡村景观是被人们设计出来的，那么我们也可以通过设计的方式来改善乡村景观，以及那些依赖乡村环境的村落，而杜威·索贝克对乡村设计的创新功不可没。

——托马斯·费希尔（Thomas Fisher），美国明尼苏达大学

明尼苏达设计中心主任

第1章

引言

> 我希望每个人的知识能不局限在一类话题或一门学科上。我希望每个人都既能欣赏一座实用的谷仓，也能欣赏一出动人的悲剧。
>
> ——拉尔夫·瓦尔多·爱默生（Ralph Waldo Emerson）
> （美国小说家、诗人，1803—1882）

> 今天，我想与你们的想象力进行交流。想要激发想象力，必需的步骤就是让自己的思绪暂时从生活的琐碎中解脱出来，抛却日常的惬意、亲友的环绕、自己的身份和纷扰的社会。我想要和你们真实的内心畅谈。
>
> ——凯丽·阿拉韦纳（Kerry Arabena）（澳大利亚公共健康学教授）

建筑和农业的历史，可以追溯到人类刚学会种植作物和饲养牲畜以获取食物和衣服的时期。掌握了这两种能力之后，人们便能够长久停留在一个地方，开始在自然环境中生活和从事生产，并搭建房屋，为自己和饲养的牲畜遮风挡雨以及用来储存物资。这确立了一种人、动物、环境之间的新型关系。人们不必再为了获取食物而长途跋涉，人类的定居催生了新的生活方式，建筑的历史由此展开。本书的主题就是过去、现在和未来的农业建筑，与乡村设计、乡村土地利用和乡村景观之间的联系。

在美国，很多古老的谷仓和农庄都被收录在"国家历史遗址名录"当中，其中有一些还被列为国家地标景观。但是这些举措更多是为了肯定农民的成就，而非建筑本身的价值。虽然乡村景观中的生产用建筑，除被当地研究团队在讨论历史建筑的风格和类型时提及之外，几乎从未被建筑历史学家探讨过，但它们是构成美国和全世界农耕美景的不可或缺的一部分。一些记录地方建筑佳作的书籍不仅简单展示了图片，还描述了生活在乡村生态系统中，人们搭建的生产用建筑、其他构筑物以及大地景观。这些作品有：E·恩德斯比（E. Endersby）、A·格林伍德（A. Greenwood）和D·拉金（D. Larkin）的《谷仓：生产用建筑的艺术》（*Barn: The Art of a Working Building*，1992）；法尔克（Falk）的《纽约的谷仓》（*Barn of*

New York，2012）以及 C·米勒图（C. Mileto）、F·维加斯（F. Vegas）、L·G·索里亚诺（L.G. Soriano）和 V·克里斯蒂尼（V. Cristini）的集大成书籍《地方特色建筑：走向可持续的未来》（*Vernacular Architecture: Towards a Sustainable Future*，2014）。

乡村景观、农场建筑、农场牲畜和农田到底有什么吸引人之处呢？也许是因为它们能勾起我们对遥远农耕历史的回忆，使我们追忆那些关于人类搭建房舍的种种，直接与生存空间、食物种植和人类、动物和环境相关的生命仪式等。能够与文化、气候和地域密切相关并融为一体的乡村建筑会引起我们的共鸣，因为这种联系是我们人类遗产的一部分。美国是一个移民国家，来此定居的大都是农民，他们从事土地耕作并互相融合，在美国乡村景观中创造了我们如今推崇的小城镇和农场建筑的独特风光。

美国因农业发展而崛起的乡村小镇通常都坐落在公路沿线，与道路间隔一定距离（大约 12—16 英里）。这样的布局是为了方便农民早起挤奶，然后骑马或赶车去镇上采购，晚上赶回家后再挤奶。随着这些小镇的发展，人们开始逐渐设计和建造诸如学校和行政管理这类重要的公共建筑，从而表明了在此定居的意愿。这些建筑中最重要的就是矗立在乡间的行政建筑，它们通常采用富有历史感的经典建筑造型来寓意永恒、祈盼城市和国家的长治久安。很多乡村小镇都建有市政广场，作为景观和活动的中心，重要的建筑物都围绕在广场四周或者直接建在广场之上。

我和妻子在环游世界的过程中游览了很多乡村地区，发现各国农民开垦土地、维持生计的方式大同小异。诚然，只有 400 年农耕历史的美国乡村，和有着 5000 年农耕历史的中国在耕种面积和特色上存在很大差异，但两个国家都在各自的农业和经济体系、气候条件以及地貌景观基础上，形成了独特的文化、语言、社会组织和传统习俗。世界各地的农业体系在发展过程中逐渐积累了地方特色的耕种技术和实践，这些都基于人类的聪明才智。他们利用地形、气候和土壤，在保证食物充足的前提下，为子孙后代保留了自然资源和生物多样性。

但是本书旨在突破"图说地方特色建筑"的窠臼，用看待城市建筑和城市景观的批判性视角来审视和重新论述乡村建筑和乡村景观。笔者希望以此启发读者思考自身的乡土传承，以及塑造可持续的乡村特色的重要意义，即便身处城市，这将对每个人都能产生心灵慰藉，并改善生活质量。另外，笔者还希望帮助读者认识到城市和农村问题是息息相关的，并且繁荣兴盛的城乡发展前景需要我们重新认识和所处星球的相互关系。

　　伯纳德·鲁道夫斯基（Bernard Rudofsky）在《卓越建筑师》（*The Prodigious Builders*，1997）一书中认为，无名建筑师的作品可算是建筑领域的"野史"的一部分，同时他对建筑历史学家们忽视地方特色建筑的做法表达了惋惜。接着，他描述了外来移民对美国农业的开发。这些移民背井离乡来到美国开拓新生活，但却对这里的土地和生长的作物毫无感情。鲁道夫斯基认为：

　　　　因为美国的荒野对人类来说极难征服，直到 20 世纪初，这里的土壤保持才达到适合耕种的标准，而能够防止水土流失的梯田耕种技术在中国已经应用了 5000 年。

　　在鲁道夫斯基看来，"能触动人心灵的是，看到人类在土地上耕种过的痕迹及成就、看到他人的睿智的建筑水平、看到他人满心虔诚而非唯利是图地改造环境"，这种心态正是笔者期望通过本书向读者传达的建筑和农业的灵魂与人类精神。

　　鲁道夫斯基还提到了 1964 年在纽约现代艺术博物馆的展览《没有建筑师的建筑》（Architecture Without Architects）。地方特色建筑在当时并未受到广泛的认可或重视，作者收录了许多推崇此类建筑的著名建筑师和教育家，包括：何塞普·路易·塞特（Josep Lluis Sert）、吉奥·蓬蒂（Gio Ponti）、丹下健三（Kenzo Tange）和理查德·诺伊特拉（Richard Neutra）。瓦尔特·格罗皮乌斯（Walter Gropiu）不肯轻易接受这种思潮，但是麻省理工学院（MIT）的建筑学院院长彼得罗·贝鲁斯基（Pietro Belluschi）给古根海姆（Guggenheim）基金会的主席写了封信之后，局面发生了转变。这封信中写道，"当看到有建筑物能够突破造型风格直指人类精神，并且难得地突破了我们奉行的古希腊、古罗马传统的局限，这让我在漫长的建筑师生涯中第一次感到如此激动"（鲁道夫斯基1977）。

　　《没有建筑师的建筑》的展览在世界各地巡展，持续了 11 年，最后收官恰逢鲁道夫斯基《卓越建筑师》一书发表，而这是他的第二部关于地方特色建筑的著作。自那以后，像这样以本土文化和人类精神塑造建筑和社区的扛鼎之作再未出现过。

　　世界各地的乡村和农业文化遗产现正获得联合国的认可，有些乡村文化地区还被认定为"全球重要农业文化遗产"（GIAHS）。它们被联合国粮食及农业组织（UN-FAO）确定为"非凡的土地利用体系和景观，其高度

的生态多样性源自人类群落与自然环境互动关系及其对可持续发展的需求和渴望，这在世界范围内都具有重要意义"［库哈弗坎（Koohafkan）和阿尔铁里（Altieri）2001］。如何将这些乡村文化遗产地原样保存是乡村设计要解决的一个大问题，这需要细致审慎的分析。我们需要多多向这些地区的居民学习，来获得城市更新和乡村发展的新思路，做到既改善生活又不破坏土地。有代表性的全球重要农业文化遗产地之一就是智利的智鲁群岛（Chiloe Islands），这里的文化独特而又新奇，在农业现代化普及之前，当地居民种植的土豆品种经过漫长的进化过程，达到了近千种之多。这处遗产地的意义就在于，它的基因多样性在社会和经济层面为当地居民的生活和工作作出了重要的贡献（图1.1）。

绿色设计原则和设计理念可以帮助世界范围内的政治管理机构打破疆域限制，了解各类人群及其文化、宗教和种族差异，从而在制定与土地相关的决策过程中联合人民群众的作用。长此以往，我们就能够通过塑造现有的城乡景观打造一个美好的未来，同时给予下一代改造他们所处时代的景观的机会。这意味着，任何着眼于未来的可持续发展规划和设计都需要自下而上地开展，而非按照以往自上而下的政府推动的模式。这是乡村设计面临的一个挑战，它的成败关乎城市与乡村两地的未来。

图1.1 智利的智鲁群岛（Chiloe Islands）是一处全球重要农业文化遗产，代表了一种土地利用体系和在全球范围内都具有重要意义的高度生物多样性的景观

4

　　为了让读者更好地理解我对建筑与农业关系的看法，以及本书的主旨，我需要简要介绍一下自己的经历。我在一个叫作巴格利（Bagley）的乡村小镇长大，它位于明尼苏达州西北部草原边界的克利尔沃特（Clearwater）县内。我第一次看望从挪威移民来的外祖父母时，参观了他们的农场，从那之后我就爱上了那里的谷仓和饲养的牲畜。在图1.2中可以看到我的外祖父母奥拉夫·汉森（Olaf Hanson）和希尔达·汉森（Hilda Hanson），这张照片拍摄于20世纪40年代，他们当时就站在自家的谷仓前。我外祖父1893年离开挪威，经加拿大进入明尼苏达州的西北地区，并于1895年在锡夫河瀑布（Thief River Falls））旁的小镇定居。之后不久，他就和我的曾外祖父奥莱（Olai）一起重操旧业，在莱德雷克河（Red Lake River）上建造汽船，并当起了船长，在河上往返给河边早期居民和莱德雷克河印第安人保留地里的美洲原住民运送货物。1901年，他娶了我曾外祖母，他们共同抚养了12个孩子。我母亲艾玛（Emma）1906年出生。外祖父的汽船生意在铁路兴建之后就开始变得不景气了。1914年，他们在克利尔沃特县北部买下一个农场，带着6个孩子搬了过去。

图1.2　作者的外祖父母奥拉夫和希尔达，在20世纪40年代的明尼苏达州北部自家农场的谷仓前；农场和谷仓都是可供参观和探索的绝佳之所

1903 年，我祖母西内娃·埃里（Synevva Eri）的兄长尼尔斯·埃里（Nils Eri）从挪威移民来到美国，投奔她并留在了她在北达科他州拥有的农场里。几年之后，她结识并嫁给了从德国移民来的我的祖父乔治·索贝克（George Thorbecke）。1918 年，我祖父因罹患流感去世。之后祖母带着 6 个孩子，其中包括作为长子的我的父亲戴维（David），从北达科他州的农场搬到她另一位兄长戴维·埃里（David Eri）在明尼苏达州克利尔沃特县的冈维克（Gonvick）拥有的一个农场附近。

一家人到达明尼苏达州不久，我祖母从她兄长手里买下了一个横跨高速公路的农场。当时她雇了附近一个挪威籍的单身农民奥斯卡·格拉夫塔（Osca Graftaas）来盖谷仓，之后他就留下来和我祖母结婚。我们都称呼他"大奥爷爷"，他不会读书写字，但是他在 20 世纪 20 年代盖的谷仓直到现在一点都没有变样，依然坚固挺拔。他们后来又有了两个孩子，我祖母的坚强性格和巨大的感召力让她成为 17 个外孙和外孙女的榜样。包括民房、谷仓和附属建筑在内的农场建筑群非常有代表性，是在美国中西部地区随处可见的乡村景观（图 1.3）。

我的父亲在冈维克地区开车为农场送汽油。有一天他到汉森农场送货时第一次见到了我母亲，她正站在草垛上堆刚晒好的干草。据说他当时对我母亲一见钟情！他们很快就结婚了，然后搬到了巴格利，我父亲买下了一家加油站和镇子外一个种植粮食的农场。当我的个子长高到能够清洗汽车挡风玻璃，我开始学着给车子加油，一直到去上大学之前，我的整个高中时期都在农场的麦田里开着拖拉机工作。

图 1.3　1954 年作者祖母西内娃·埃里的农场的鸟瞰图，登载于当地报纸

我第一次体会到谷仓的独特魅力，是儿时在祖母的农场里。我被它的木质结构、宽大的空间、神秘感、狭小的窗子里射出来的明亮光束、墙壁上的裂缝以及谷仓阁楼的尖拱屋顶结构所深深吸引。在这里，我第一次闻到了牲畜的气味、认识了它们的饲料、学会了挤奶和使用嘈杂的奶制品分离机、帮助驯服马匹、学会了清理粪便，还顽皮地爬上厩楼又蹦进草垛；在这里，我第一次赶马、开拖拉机、帮忙收集干草、堆草垛，以及把干草从马车搬到谷仓的阁楼；在这里，我还第一次修过农用机械和木工刀具。

我一直喜欢绘画，上大学时梦想成为一名航空工程师。但是我很快发现这门学科与流体力学关系更大，而不是我想象中的设计飞机。我当时正在学习工程制图课程，向一位教师伯顿·福斯（Burton Fosse）倾诉了我的失落之情。他听后带我去参观了一位建筑师的办公室。当我看到办公室墙上挂着的建筑物设计图纸时，我豁然开朗，原来房屋都是人们设计出来的。而就在前一刻，我还一直以为房屋都是工程队直接盖起来的。我难以抑制自己的激动和兴奋，第二天我就跑到明尼苏达大学报名参加了一个建筑学的项目，第二年秋天就直接转学过去了。我做建筑师的决定和热诚几乎是瞬间闪现的，所以我后来经常在别人面前说自己是"再生的建筑师"。我永远都忘不了福斯老师的恩情，他为我指引了建筑和设计殿堂的大门。

本科毕业后，我凭借建筑学学士学位以及大学期间在一家当地建筑公司的兼职经历，申请到了一份奖学金并到耶鲁大学攻读建筑学硕士学位。之后我幸运地荣获了罗马建筑奖，并在罗马美国学院学习了两年。其间，我和同学在意大利各处游览，发现了一些美丽的意大利山城，那儿的山顶上分布着为居民和牲畜服务的精致建筑群，山谷剩下的肥沃土地则用来种植粮食作物。当我和上届获得该奖项来进修的查尔斯·施蒂夫特（Charles Stifter）一起环游意大利时，他说我就像一块海绵，不停地从外界汲取知识，这个比喻非常恰如其分。

那些山城对我的建筑理念产生了重大的影响，因为它们和我从小熟悉的美国西部平坦草原上的小乡镇截然不同。山城独特的社会、文化、经济发展以及用当地石料搭建的房屋共同展现了一幅传统、文化、气候和生活方式交融的完整画卷。这里的房屋都沿着狭窄的小巷相邻而建，通常楼下用于饲养牲畜，楼上用于生活起居。小镇里分布着公共广场、市集、教堂、银行、学校和商铺，为村镇上的居民提供基本生活用品，维系着人们日常的社会、宗教、教育和文化生活。农民们在清晨会牵着满载的驴子走下山谷，在田地里劳作一整天，然后趁着月亮落到山顶之前赶回家里。意大利的山城就像世外桃源一般安定，这里的人们远离纷争，社会和文化稳步持续发展，建筑和农业相互交融、和谐共存。

中世纪风格的蒙特普尔恰诺（Montepulciano）颇具代表性，作为山城的绝佳典型，这里的房屋建在绝壁的边缘，俯瞰下面山谷里美丽农业景观。图 1.4 的草图，是 2011 年我和妻子在托斯卡纳（Tuscany）寻访山区小城的过程中，我在一家饭店的可以俯视山谷的阳台上手绘而成，这是我们无数次意大利旅行中的一个片段。

结束在罗马的学习回到美国后，我开始在一家建筑公司从事专业工作，之后自己开办了公司。由于我的建筑设计工作涉及了为饲养牲畜服务的建筑，我又开始思考与乡村景观有关的问题。这些工程包括明尼苏达州的一家新动物园，也是世界上第一家北方气候的动物园，它需要设计为全年开放的，并展览自然栖息地中的动物；还设有公共讲解中心来介绍明尼苏达州和密苏里州的驯养及野生动物；另外还要在美国不同地区的大学中设立几个畜牧业研究机构（如奶制品、猪肉、禽肉、羊肉和牛肉研究中心）。

图 1.4　意大利托斯卡纳山城蒙特普尔恰诺（Monte-pulciano）的草图，从某个餐厅阳台向下俯瞰有着数个世纪农业种植历史的河谷景观

图 1.5 普瑞纳（Purina）农场的室内景象，突出了动物和人之间的历史纽带

9　　　在所有参与过的设计工作中，我都尽力实现建筑和景观的紧密联系，以呈现气候和地区特色；在涉及牲畜的工程中，我都着重从人类与动物在历史上的关系入手。第一个工程是为拉尔森·普瑞纳（RalstonPurina）公司设计的公共讲解中心，名为"普瑞纳农场"，它位于该公司在密苏里州圣路易斯市郊外的研究综合体中。这里的两座现有的谷仓被重新利用，另外还有一个圆形露天剧场和一座宠物馆。普瑞纳农场的建筑理念基于密苏里州农场具有传统特色的木结构建筑和遮阴门廊设计。另一个工程是为位于宾夕法尼亚州的佩恩州立大学建造禽类研究综合体。我设计的建筑采用轻木框架结构①，墙板和屋顶为金属材质，体现了宾夕法尼亚州的传统禽舍的特色。全部建筑都粉刷成白色以减少日照热量，保证内部的恒温。内部陈设的安排和设计诠释了人类与动物的历史联系和纽带（图 1.5）。

---

① 轻木框架结构（post-frameconstruction），过去被称作轻梁结构（post-and-beam construction），自 20 世纪以来，这种设计的简洁性和耐用性成为美国农业建筑（乳品仓库、骑马场、动物房等）的理想选择，现代工程师利用更新设计，也开始逐渐将这种设计扩展到商业建筑。参考 http://www.anthonyforest.com,http://www.nfba.org/index.php/whats-post-frame.——译者注

从事设计工作的同时，我还在明尼苏达大学的建筑和景观学院讲授建筑设计课程，并主持了很多工作室的工程，招收学生参与明尼苏达州乡村小镇的畜舍和多功能教学楼的设计。这些工作室的活动不仅包括畜牧业和畜舍建筑领域的学者和专家给学生做讲座，还有和乡村居民的交流，听取他们对美国乡村地区正在发生的剧变以及乡村社区苦苦挣扎的现状的种种担忧。

我们了解到，由于无法适应瞬息万变的经济形势，很多小农场主都决定变卖农场转而去城市谋生。因此，经济形势正不断推动着农场的巨大变革，使得农场里劳动力减少、占地面积扩大、饲养的牲畜数量增多以及对大规模的养殖场的需求增加。这些建筑物通常使用预制件建造的轻木框架结构，配有金属墙板和屋顶，且所有建筑均采用无地区差异的统一外形。另外，农场从劳力减少向规模扩大的变化以及乡村人口流向城市的趋势，对乡村经济、小城镇、学校以及生活质量都有负面影响。

这些乡村居民共同经历的一系列变化，让我们对乡村面临的两难境地有了新的深刻认识，也让我意识到美国的设计教育机构和从业人员在根本上忽视了乡村地区。鉴于这样的情况，1997年，我在明尼苏达大学成立了一个新的研究中心，即乡村设计中心（CRD）。该中心位于设计学院和食品、农业及自然资源科学学院内。在这里，我们开始与乡村社区合作，首次将问题解决型的设计方法引入乡村课题研究中，与我们以往用城市设计解决城市问题类似。

在研究小镇、废弃的古老谷仓、其他农业建筑以及新的养殖奶牛、猪和禽类的专业化饲养建筑（我的设计作品也包括在内）受到的冲击的同时，我开始意识到影响北美乡村地区的问题远比我预期的更宏观、更复杂。全球经济正在广泛影响着农业、社会、文化、经济、健康和环境的各利益方面。乡村地区正在经历着人口剧变，农村人口减少、年轻劳动力就业困难，限制了良好的沟通、教育和健康服务的发展。对待可持续性、食品安全和农场规模以及农业方式的各种观点引发了社会冲突，导致了这种两难局面。

我的第一本书《乡村设计：一门全新的设计学科》[Routledge（劳特利奇出版社），2012年出版]对上述很多问题已经进行了探讨，并确立了乡村设计的理论基础，明确了采取全球的、国家的、区域的和本地的多种视角来看待相互联系的乡村问题的重要性，以寻求共同创造的最佳解决之道。那本书还提到城市和乡村问题存在着内在联系，所以我们无法通过单一的乡村或城市设计塑造两地各自的景观。而正是城市和乡村之间的联系，以及我们与植物、动物在同一星球共存的事实，决定了可持续的未来需要包容性的设计。

建筑与农业

在我的第一本书之后，《建筑与农业：乡村设计导则》更深入细致地探讨世界范围内的乡村地区的人们给自己搭建的建筑，它们用于庇护、储存食物和加工纺织品。本书希望能为读者提供一个设计指南，去探究乡村景观中建筑物的意义、设计和建造。本书对这些建筑的历史、社会、经济和艺术价值及其与乡村景观的契合度进行了探讨，以启发那些着重于功能、文化、气候和地域的未来建筑的设计辨识思路。

这些建筑物的建造方式和它们体现出来的人文精神是本书的重中之重，乡村地区的建筑理当引入批判性建筑分析，去判断其外观、工程、安全性和与所在环境的协调性，就和建造城市建筑一样。本书对世界范围内的农业相关建筑工程进行了案例分析，以诠释在 21 世纪的乡村地区，与文化、地域和气候相得益彰的设计和建筑中的典范。这些案例研究将向读者、学者、农民、政策制定者和乡村社区传达一种表达乡村建筑价值的策略，这些价值植根于地域、可持续性和生活质量的改善，并且适应其所在地的农耕遗产和大地景观的特点与气候。

世界乡村的变迁

世界范围内的乡村地区正在面临着人口流失、基础设施老化、交通不便、网络覆盖率低以及优质教育和医疗资源缺乏等问题。而土地利用方式变化造成的经济选择匮乏和环境恶化让乡村形势雪上加霜，导致了乡村居民尤其年轻人的生活质量下降。

全球气候变化将进一步影响农业景观的功能和特点。这些影响和食品供应、食品安全及水资源问题一样，都是国际层面的可持续课题，将对世界各地乡村的社会、文化、经济和环境景观带来剧变，尤其是在世界人口截至 2050 年将增加 25 亿的前提下。

可能没有任何一个国家经历过中国这种规模的乡村变迁，中国的政府政策让数以百万计的乡村人口向城市地区流动。那么人们很自然会问：中

图 1.6 这幅草图描绘的是中国的爨底下村。北京的城市家庭可以在周末到这里旅游并居住，亲身体验农村生活及乡土文化

Rural China village of
Chuan Di Xia
5/2/13
Dewey

国乡村到底发生了什么？中国的食品安全如何保证？剩下的乡村和农民何去何从？北京郊外约 40 英里处的爨底下村正在以旅游景区的身份被保留下来，它可以让城市家庭到经过修复的民居里参观并小住一段，从而体验曾经的乡村田园生活（图 1.6）。旅游可以成为乡村经济发展的推动力，但是中国、亚洲、非洲乃至美洲更多的传统农耕村落，正苦苦挣扎于如何转变生活方式，以适应快速变化的现代社会。

全世界面临的共同难题是，在保留以可持续的农业发展模式为基础的地方乡村传统的前提下，如何有效地提高当地居民的生活质量。世界农业遗产基金会（World Agricultural Heritage Foundation）的总部设在意大利罗马，其主席帕尔维斯·库哈弗坎（Parviz Koohafkan）在一篇关于全球重要农业文化遗产（GIAHS）体系的文章中提到，这些农村社区在社会经济变迁中起到了促进生物多样性、抵制农用化学品和维持常年粮食种植的作用。

对于世界上将近 10 亿的人口来说，脱离贫困和安全的食物还是遥不可及的愿望，而气候变化也将给最贫困和最边缘化的人群带来格外严重的损害。在这样的背景下，毫无疑问，人类需要尽快找到新的农业发展模式，更好地保留生物多样性、体现地方特色、适应力变得更强、更加可持续和更好地维护社会公平。我们星球文明的未来要求农业从传统耕作制度中汲取生态理性知识，保持在 21 世纪的可持续发展。

［库哈弗坎（Koohafkan）和阿尔铁里（Altieri），2011］

美国乡村的变迁

美国的耕种方式是由外国移民引入，随后在农民们相互交流以及适应各自定居地的地形、土壤、气候和农业经济的过程中得到改良。这样的经历赋予了乡村地区各具外观和文化特色的农场、谷仓和其他生产用建筑以及在乡村景观中的农业小镇。这种趋势在今天的美国依然在持续，因为陆续有世界各国的农民移居至此，他们或在集市上贩卖自家的果蔬，或在农场春种秋收，或从事畜牧养殖。

畜牧建筑随着时代的变迁而不断变化，从 18、19 世纪的纯木构造的建筑，包括结构与围合墙体，如图 1.7 中宾夕法尼亚州的这座既恢弘又对称的谷仓，到图 1.8 中位于明尼苏达州西南部的简洁省力的圆形谷仓，再到用预制构件建造的轻木框架结构（常被称作"柱仓"），带有金属墙板

图 1.7　美国宾夕法尼亚州哈德逊河沿岸的一座古老的谷仓，可以看出其主人家的显赫以及对建造的重视

图 1.8　位于美国明尼苏达州新布拉格（New Prague）的一座圆形的谷仓，设计和建造的宗旨为节省劳力

图 1.9　美国明尼苏达州的一座当代猪舍，采用可反复建造的轻木框架（柱仓）结构，类似于部队营房

和屋顶，如图 1.9 中明尼苏达州的猪舍。带有金属墙板和屋顶的轻木框架结构建筑体系从 20 世纪 60 年代开始普及，主要得益于以化学方式处理木料，然后将其直接打进地基的技术；它在今天的美国也依然是新兴农业和乡村商用建筑最常采用的建造方式。

14

城市设计与乡村设计的联系

乡村设计和城市设计有许多相似之处，因为两者都旨在改善生活质量。乡村设计寻求了解的是开放景观系统的特质，其中的建筑和城镇是景观系统的组成部分之一，而城市设计更注重基础设施和公共空间的确立。为了达到最优效果，乡村设计采用交叉学科的设计准则去满足乡村的需求，通过空间布局、社区参与、实证研究和综合的问题解决型的方法去解决乡村问题。

设计是一个综合各学科知识的强大工具；设计师虽然不直接参与研究，但他们可以把研究成果转化和应用到设计中，搭建科学与社会之间的桥梁。然而遗憾的是，对很多赞助、支持农业和乡村环境以及城乡关系相关研究的基金组织来说，通过设计的方式来应用研究成果是难以理解的。在他们眼中，研究是为了学科发展，重心应是在学术期刊上发表成果并得到界内认同。

乡村设计是一个交叉性设计学科，它可以帮助乡村社区通过空间布局应对变迁，并在此过程中搭建科学与社会的桥梁，以改善乡村生活质量。乡村设计把设计理念作为一种方法来应用研究成果，并通过设计过程将其转化。由于它是一门新的设计学科，所以它把创新和变革引入到过去缺乏重视的景观领域；但乡村设计，包括城市农业，正受到越来越多的关注。这对城市和乡村之间的景观——现在被称之为"次城市景观"①——的作用尤为重要，因为城市和周边地区需要应对城市人口增加和未来城市发展、规模扩大等所有问题，同时又要为农业和粮食种植预留土地。

自从人类开始定居，农业就开始出现，但直到现在，它开始被看作城市和乡村设计的一个不可或缺的组成部分，并且由于粮食生产对城市发展具有关键意义，从而成为影响未来发展的因素之一。其他影响城市发展的关键因素还包括：运输通道，住宅、商业和工业分区，电力、废物管理和水利等基础设施。

为了更有效地应对全球环境问题、食品安全和公众对畜牧业的态度，食品生产者应该重新考虑选址、建造和管理畜牧厂房的方式，遵照可持续的设计导则，并将乡村畜牧建筑纳入到乡村商用建筑的设计和建造范畴中来。要实现这个目标，建筑需要遵照性能指导意见来设计，以提高畜牧业产量、降低能耗，使用更耐用和更环保的建筑材料，改善乡村景观质量，采用更易被社会接受和理解的牲畜圈养系统，改善工人和牲畜安全和健康状况以及确保牲畜的生物安全性，同时确保建筑使用寿命的成本竞争力。

① 次城市景观（peri-urban landscape），指城市周边向农村地带过渡的区域，区别于第7章图7.12提到的suburban（译作"城市近郊"）。相较而言，次城市景观更靠近农村地区，城市近郊景观更靠近城市地区。——译者注

第1章 引言   15

我们的目标是提高对设计文化重要性的认识，这些为动物和农业生产设计的可持续的乡村社区和建筑将体现最高水平，与文化、气候和地域完美融为一体，无论它们坐落在乡村、城市还是次城市地区。

不久之前，游客还会对在美国的农耕景观观光旅行产生深刻印象，因为他们可以在小型多样化的农场，或低密度迁徙畜牧系统中看到牲畜在室外牧场里自由活动。虽然现在这种场景还能偶尔见到，但大多数新兴的大型农场都已专业化，并设计和建造了标准化的封闭式畜牧建筑，因为这是最经济的一种方式。这样的封闭式建筑导致在户外很难看到活动的牲畜，这会让公众认为牲畜都受到了虐待，因为它们大部分时间都被限制在室内。但是，对养殖场主来说，对牲畜的良好照料才是重点，因为只有它们都保持健康并不断生产，才会有更大的利润。

过去，小型的多样化的农场非常普遍，而且作为可持续的、自给自足的生产单元，普遍运营良好。因为那时大多数的人居住在乡村地区，他们了解畜牧业的经营状况，并且农场的规模可基本保证自给自足。如今，专业化已经成为行业规范，而且养殖方式的转变使得公众对大型化养殖工序缺乏了解，也削弱了公众对畜牧业相关的环境监管条例的信心。

环保条例是以牲畜单位的数量为基础的。随着牲畜单位数量的增加，条例，变得越加严格，但是公众怀疑，他们对环境的担忧并没有得到足够的重视。这种担忧再加上公众对工业化养殖方式和养殖场内恶臭问题的反感，造成了农场主和其他群体之间的社会冲突。另外，环保条例通常都是全州通用的，无法有效地适用于某些地理条件独特的区域，比如一个州内就有着复杂多样的地理类型。

需要对制定可持续的商用畜牧建筑的综合性能标准继续展开研究。研究应基于生产、能源、环境、经济、牲畜福利、工作环境卫生以及社会评价等方面，从而让大型设施的标准保持一致以便于商用建筑的设计和建造。这些指标的作用将会体现在优化畜牧业生产、降低化石能源和动物饲料消耗、保证建筑物使用寿命的成本竞争力。为了确保性能最优化，这些设施将使用更加环保的建筑材料，提供更卫生的工作条件，通过保持生物安全性改善牲畜健康状况，并且确保公众能食用更安全放心的食品。

全球气候变化、人口增长、食品安全、可再生能源和健康等方面的影响波及到了世界各地的城市和乡村地区，牵一发而动全身。我希望本书的读者能够认同将乡村和城市的未来联系起来的思路，从而将乡村设计和问题解决型的设计理念作为策略之一，并以此激发创意革新和创业精神，以

17 　寻找更好的管理和利用全世界有限的土地和水资源的方式。我们生活在同
一个星球上，所以我们需要批判性地改造它来为人类服务，这样我们才不
会剥夺子孙后代改造它的能力。我们需要了解城市和乡村的未来，才能找
到解决问题的答案，并应始终牢记，地球是我们共同生活的家园。

第 2 章
乡村建筑的传统

当人类首次学会通过种植庄稼和饲养牲畜来获取食物和衣物的技能时，人类的居所就发生了巨大变革。耕作的出现催生了一种全新的生活方式。在狩猎和采集的社会，人们需要四处迁徙，寻觅食物。但学会耕作后，人们停留在此，向土地谋生。人们不再需要为了获取足够的食物而不断迁徙，早期的农民选择了一个场所，播种粮食作物、驯化家畜帮助耕作，并设计建筑以遮风挡雨和储存食物。这形成了人类、动物和土地的一种新的关系。

最近的研究表明，随着这些早期的农民逐渐开始比邻相守、驯化家畜并尝试新的食物，一场社会和基因的进化随之发生：人类具备了消化奶类、代谢脂肪的能力。随着农业的兴起以及人口的增长，人们开始向外迁徙寻找新的定居地。研究表明，从约 8500 年前开始，早期的欧洲人就开始从现在的土耳其境内向外迁徙 [科里（Curry），2013]。

随着外来农民开始种植粮食作物和销售产品，他们在交通要道、海港以及河流交汇处聚集，与过往旅客以及其他农民交易货物和农产品，并开始社交。这样的一些交汇处发展成为乡村，其中的一些聚落逐渐扩张，成为世界各地像罗马、巴黎、伦敦这样的城市。正是由于这样的城镇化过程，以及社交仪式化的生活方式和规则的出现，地区的管理机构逐渐形成。

耶鲁大学的著名古典文学艺术学者弗兰克·E·布朗（Frank E. Brown）曾在 20 世纪 30 年代，多次主持早期罗马遗址的发掘工作，他写道："对罗马人来说，仪式变成了他们所遵守的习俗、传统、规矩和法律。"罗马社会的仪式形式造就了他们的建筑风格。在布朗看来，早期罗马人最伟大的仪式就是创造了神祇、家庭生活以及社区的秩序，并为它们分别设计了相应的建筑风格，由此形成了整个意大利的城市、山城和附近乡村的景观格局（布朗，1961）。

罗马人崇尚军队管理的秩序与公开，这种偏好也延续到他们布置营地的方式。意大利罗马营地周围的地区规划得井然有序，用网格状的百户区来丈量面积^①（大约 710 平方米），而农场和道路的规划布局也一直沿用到现在。这种规划土地的方法自 1785 年起应用于美国公共土地测量系统，它把土地按南北和东西向轴线分割成了 1 平方英里（约 2.59 平方千米）的小块。

古老的根源与欧洲起源

20

目前，我们对罗马时期的畜牧建筑几乎一无所知；但在突尼斯乌德纳（Oudhna）地区的乌提纳（Uthina），在一座公元 2 世纪的别墅地面发现了一块马赛克图案，这证明了悠久的乡村传统和农业对古代非洲城市经济的重要性。在当时，这些城市与地中海北方中心的贸易非常繁荣。这块马赛克图案嵌在拉贝利（Laberii）家族奢华居所的前厅地上（图 2.1），为我们提供了管窥罗马农场生活的机会，图案描绘的场景主要是人们喂马和牛以及酿酒、榨橄榄油和腌渍食品的过程［罗斯托夫耶夫（Rostovtzeff），1957］。

图 2.1　公元 2 世纪突尼斯一块精美细致的罗马马赛克图案，上面描绘了拉贝利（Liberii）农场的一座小谷仓和各种农场生活的场景

---

① 百户区 Centuriation 源自拉丁文 centuriatio，指罗马人使用的一种土地测量方法。罗马人将土地分为网格状，然后以这种形式划分给其他殖民者。——译者注

第 2 章　乡村建筑的传统　　　　　　　　19

这幅马赛克图案的中间绘制着一座谷仓，它呈轴对称形，大门高耸，内部阁楼用于储物。它周围的场景描绘了农耕生活：有人在赶牛犁地；有一群家畜向谷仓行进；有一口古井；有人在挤羊奶；有人在收橄榄；还有人在猎杀野猪。谷仓的构造和建筑工艺比较简单，采用我们称之为巴西利卡式（Basilica）① 的布局：居中的走廊、柱状结构、人字形屋顶以及拱形大门。

这种形式也被罗马教士们采用，作为宗教祭祀的仪式场所。中轴线的左右两翼可以组织对称的活动流线，这样的设计成为寺庙的标准结构，而巴西利卡式也成为西方文明史中许多教堂和公共仪式建筑的典型结构。

巴西利卡式的中央走廊和柱状结构后来演变成了 13 世纪英国教会考克斯韦尔（Coxwell）谷仓（图 2.2 和图 2.3），它位于牛津（Oxford）和斯温登（Swindon）之间。它成为了后来中世纪欧洲各地的许多宏伟哥特式

图 2.2　英国的考克斯韦尔（Coxwell）谷仓，按照罗马巴西利卡式组织建造的中世纪谷仓之一，对整个欧洲以及北美的同类建筑影响深远

---

① 巴西利卡式（Basilica），是古罗马的一种公共建筑形式，其特点是平面呈长方形，外侧有一圈柱廊，主入口在长边，短边有耳室，采用条形拱券作屋顶。——译者注

图 2.3　考克斯韦尔（Coxwell）谷仓的室内，展示了它的结构和轴对称造型，欧洲各地的哥特式教堂建筑均普遍采用这种巴西利卡式布局

21　　教堂的基本造型形式。农民天生注重仪式感，所以他们采用巴西利卡式来设计和建造谷仓。他们认为这样的谷仓会得到神灵的庇佑，同时这种形式的建筑在功能上非常适合集中圈养牲畜以及储藏草料。

　　在 19 世纪，欧洲大部分地区都严格控制土地。土地资源匮乏，新的农场主家庭缺少土地，这些都成为了严峻的问题。按照规矩，家族的土地都由长子继承，即使在公平分配的情况下，家里的年轻一代也得要么通过与农场主联姻，要么通过为其工作，才能购得一英亩薄田。然而在美国，人们花极少的钱就能获得土地，有时甚至完全免费，这极大地吸引了许多欧洲的年轻人以此成为地主并开创新的生活。

22　　　农民们把谷仓类型、建筑方法和农耕实践的经验带到了移民的国家。在到达并拥有了新的土地之后，他们得尽快学习美国的经商模式，并且适应定居地区的土壤类型、气候条件和经济形势。乔·耶勒（Jon Gjerde）在《农民到农场主》（*Peasants to Farmers*，1985）一书中引用了一位移民给自己远在挪威的家人的书信，其关于美国聚居区的原话为："实话实说，这里和家乡唯一相同的东西就是跳蚤了，它们咬人一样疼、一样狠。"在美国，对农场建筑的研究也可以说是对外来移民创造新世界奋斗历程的研究。

外来移民在美国很难像原来在欧洲那样雇到人来帮忙干活，所以只能全部家庭成员齐上阵，有时候还得求助邻居。劳动力不足的状况倒是加速了作为劳动力替代品的农具和机械的发明和研制。农场主只要听说某种新设备，就会马上着手购买，而这种购买需求使得农场主除了糊口的粮食之外也更愿意种植经济作物。雇佣劳动力的缺乏还促使家庭人数不断增加，因为多一个孩子就相当于多了一个劳动力，另外耕种作物的多样性也满足了一家人的多种需求。

乔·耶勒在关于威斯康星州的早期挪威移民聚居区的研究中提到，6 岁的孩子就开始在地里放马，我家人的经历也确认了这个说法的真实性。我父亲在北达科他州的家族农场里就是从这么小开始干活的。最初，可能受到欧洲传统习俗的影响，女性主要负责照顾牲畜，而男性主要是耕种田地。后来，随着乡村社会的农业模式的建立，女性更多地专心操持家务、照料家庭，而男性则揽下了农场的工作。虽然家庭工作的分工在变化，但是耕种仍然是全家人的任务。

乡村环境在 19 世纪经历了快速的变化。乔·耶勒德引用了一位挪威记者在 1869 年描写美国聚居区的震撼观感：

> 如果有人见过这个地方 30 年前的景象，那么眼前的一切无疑会让他以为自己是在做梦，梦到了东方的童话故事里的情节。这里原有的森林被砍伐一空，原本的草原已经被开垦为良田，野草地变成了庄稼地，富饶的果园围绕在富庶的农场主的房屋周围，新铺的道路平整宽敞，设备齐全的校园传授知识和礼仪，工厂拔地而起，高耸的教堂尖顶昭示着人们虔诚的信仰……总之，这里的进步日新月异，这里的巨变犹如梦境一般。

尽管这位记者如此激动地描写了这种飞速的变化，不得不说，外来移民的民族传承和文化传统，以及不断改良的耕种方式，促进了美国农业和乡村建筑的快速发展。这些移民将自己的传统经验创造性地融入这里的耕种方式、当地土壤、作物和地理环境，最终创造了美国的农业模式与建筑风格。正是这种相互融合赋予了美国不同地区风格各异的乡村特色，同时也提高了美国农业生产的水平。

23

农庄

美国第二版《宅地法》1862 年颁布生效的时候，全美大部分地区个人拥有农场的面积为 80 英亩或 160 英亩，这种耕种方式已经根深蒂固。在上中西部地区 [①] （明尼苏达州、艾奥瓦州、威斯康星州和北、南达科他州），绝大多数的农场都是在 19 世纪后期建造的。值得一提的是，在北美，移民获得的农庄土地都是从当地生活了几百年的土著居民那里掠夺的，由此导致的社会和经济冲突一直未得到完全的解决。当美国土著居民被孤立在居留地中提心吊胆度日之时，《宅地法》名正言顺地把土地归到了移民定居者的名下，允许他们建造农场、农业小镇，并自己划分土地建立新型的美国乡村社区。

根据《宅地法》，在农庄最开始建造的房屋，仅被视作临时性的、实用性的居所。它通常是巨大的谷仓，或是畜棚，却往往最受瞩目，因为它对于全家人的生存与生计至关重要。农庄中最让农场主引以为傲的就是谷仓。直到后来，随着家庭逐渐富裕并且受杂志宣传影响，农场主意识到形象塑造和房屋装饰的重要性，这时他们的住宅才开始变得和谷仓一样重要，成为另外一种身份的象征，如图 2.4 中明尼苏达州弗格斯福尔斯（Fergus Falls）附近历史悠久的施尔平农庄的景象所示的那样。

24

图 2.4 明尼苏达州西部的施尔平（Sherping）农庄。这座巨大的谷仓是全州最大，它坐落在一个小山坡上；斜坡下方是一座稍小一些，但富丽堂皇而又遵循严格对称的住宅建筑，它彰显了主人作为一位 19 世纪美国富庶的农场主的身份

① 上中西部地区（upper midwest），由美国国家气象局定义，指明尼苏达州、艾奥瓦州、威斯康星州和北、南达科他州。主要由于生长季节短，气候更为凉爽和干燥。——译者注

农舍

通常农场需要建造用于农耕生产的建筑有三种：（1）用来圈养牲畜和储备过冬必需草料的厩舍（Barn）；（2）保存和储藏谷物、玉米及其他待售的经济作物的谷仓；（3）保管、修理和维护农场设备的库房。筒仓是一种垂直建造的储藏设施，它在19世纪70年代投入使用，可以有效提高饲料投放的效率，且操作十分简单。它与厩舍配套使用，成为奶牛饲养的一种标准工作单元，被沿用了一个世纪之久。图2.5展示了伊利诺伊州北部的一座大型的人字形屋顶的厩舍和筒仓。

农场的建筑群包括各种用当地材料建造的功能性建筑，它们的位置分布没有规律，却可以互相配合，实现工作效率最大化。这些建筑群确立了乡村景观的建筑风格。多功能的厩舍是整个建筑群的核心，一般建在住宅的下风向；它通常是整个农场中面积最大的建筑，建筑风格因地制宜，不拘一格。在美国上中西部，多功能厩舍按照巴西利卡式设计，采用人字形或复折式的屋顶。几乎所有厩舍都设有阁楼，用以储存干草，作为马匹和奶牛过冬的饲料。阁楼的储藏效果良好，在冬天可以起到保温的作用。饲养牲畜也变得很容易，只需从上面开口处把干草扔到下面的地面，它们就能自行进食。

厩舍的基本布局会根据每个农场的具体情况进行适当的调整。明尼苏达州双子城的北部，是以马铃薯为主要经济作物的乡村地区，像这里的厩舍设计就增加了一条流水线，可以将土豆入库、冲洗、装袋并直接装车运走。这个地区的绵羊在冬天都是圈养，它们的粪便用来给马铃薯田施肥。约翰·艾

25

图2.5 伊利诺伊州北部具有代表性的人字形屋顶的厩舍、筒仓及附属建筑

建筑与农业：乡村设计导则

图 2.6 明尼苏达州亨内平县（Hennepin）的约翰·艾德姆（John Eidem）农庄，前身是一个马铃薯农场，现在是布鲁克林城市公园的一个实景历史博物馆

德姆（John Eidem）在 1894 年兴建的布鲁克林公园历史农场（图 2.6）就是这种特色厩舍的一个典型案例，展示了家庭农场环绕工作庭院为核心的组织方式。这个厩舍没有筒仓，因为农场里只养了几头供全家人用的奶牛和几匹播种、收获马铃薯的骡马，但它依然被建在了整座农场最核心的位置。

1860 年版的韦伯斯特《美国英语词典》里对 "Barn" 作了定义，并介绍了它的众多功能：

> BARN，名词，一个用来保存谷物、干草、麻布及其他收获的田地作物的有顶的建筑。在美国的北方各州，农场主通常还用它来圈养牛马；因此，对他们来说，BARN 既能储存粮食，又能饲养牲畜。

美国农耕社会的发展和乡村景观、农庄以及乡村生活等图片被广泛地刊登在柯里尔和艾夫斯（Currier and Ives）[①] 的日历版面以及其他出版物中，供城市和乡村读者欣赏。这些图片中的农场及乡村生活和如今的情况完全不同，大多数城市居民会把它们看作乡村建筑和乡村生活的乡愁回忆。

20 世纪 20 年代的农业经济萧条导致农场数量减少，但农场规模不断扩大，导致很多小农场破产。自此之后，大型农场化的趋势一直持续到今天，因为耕种实践和全球经济形势促使农场向数量减少和规模大型化的方向转变。1935 年，美国境内共有 680 万个农场；截至 1986 年，农场数量减少到 221 万个，但农场占地总面积却增加了。现在的大多数农场都是私

26

---

① 美国著名石版画家柯里尔和艾夫斯所成立的版画复制公司。——译者注

有，并在家族内部继承。现在的农场主几乎全是通过继承方式拥有的，因为几乎没人负担得起投资自建农场的高昂费用。

美国内战之后，出现了大片的闲置土地待开垦；同时各种农贸公司和合作企业发展壮大，专门从事谷物加工、运输以及农产品的加工和销售。上中西部地区依靠着草原上新开垦的广阔田地和牧场，为面粉厂提供充足供水、便利的铁路和水路运输条件，成为了繁荣的农贸中心。例如：明尼阿波利斯（Minneapolis）和圣保罗（St. Paul）发展成了主要的城市中心区，这些城市主要的功能是农业贸易和食品生产，涌现出了像嘉吉（Cargill）、通用磨坊（General Mills）和品食乐（Pillsbury）这样的跨国企业。

赠地大学①是由美国国会在19世纪60年代创立的，宗旨是把农业知识和研究成果输送到正在开发的西部地区。该大学通过科学研究和后续项目，把知识送到农场，有效改进了农业质量和耕种方法。在明尼苏达大学，曾经的乳制品研究谷仓后来经过米勒·邓维迪（Miller Dunwiddie）建筑事务所设计改建为兽医学院的本·波默罗伊（Ben Pomeroy）校友中心，它始建于1916年，当时是在这所大学的圣保罗校区（图2.7）。这座乳制

图 2.7　明尼苏达大学历史悠久的乳制品研究谷仓，现用作兽医学院的波默罗伊（Pomeroy）校友中心；该设施的设计体现了 20 世纪初期农业在这所大学研究方向中的重要地位

---

① 赠地大学（英语：Land-grant universities、land-grant colleges、land-grant institutions）是由美国国会指定，得益于《莫雷尔法》（Morrill Act）的高等教育机构。——译者注

品研究设施的设计说明，在 20 世纪初期，农业研究机构建筑在该校有着重要地位。

在明尼苏达大学以及其他赠地大学的宏伟建筑中开展的农业研究，为农场提供了更健康的牲畜、新的农作物、土地增产的技术以及预防自然环境灾害的知识。赠地大学提供了节省人力的技术发明，以及加工运输农产品方面的运营经验，农场主运用这些研究成果进行生产革新，最终，美国成为世界最大的粮食和纺织品生产国。

过去的美国农场和农业生产建筑的设计和建造都受各地气候、地形、土壤、布局、耕地面积和水资源等条件的影响。农场的建筑风格都带有鲜明的外来移民文化传统的印迹，如各国农耕的功能性仪式、建筑和生活方式等，还包括从劳动分工、服饰风格、音乐、食物、饮品、舞蹈到家庭和社区的社交方式等方面反映出的文化习俗。

英国对美国的影响

由于美国最初是英联邦建立的海外殖民地，所以它的乡村景观受英国影响最大。在新英格兰，这种影响最直接的体现就是为农业服务而建造的英式传统的农场和大量的小镇。虽然欧洲 17、18 世纪的建筑主要是砖石结构，但在美国的乡村地区大都盛产木材，所以建筑物基本都是木结构的，而石料主要用于铺设地基和垒砌围墙。这就是我们今天在新英格兰乡村地区依然可以看到的一种独特建筑风格。

在英国，早期的农场主和许多欧洲古老传统乡镇的人一样，住在小村落里，每天外出去田地里照料庄稼和牲畜。通常每个村庄都带有一块绿地，有的甚至有片池塘，人们将这里作为日常集会的地点。到了 18 世纪，政府命令各地的"圈地主管"（enclose commissioners）把田地分成很多窄小的条块，将其和邻近的住宅及谷仓一起划定为农庄。

英国传统对美国的影响来自英国悠久的历史，从凯尔特人时期到罗马统治时期，再到盎格鲁－萨克逊人定居时期，以及从都铎时期到最后的乔治王朝时期。如今的英国版图是乔治二世国王时期颁布的国会法案所确定的，它也成为了北美早期在新英格兰各州的典范。同时，英语成为了美国的官方语言。美国独立战争之后，宪法对个人财产权高度重视，导致农场主和民主党人对乡村景观和村落的文化也作出了相应的定义。

28   在世界范围内，各国的乡村景观特色都受到独特的气候和文化发展

图 2.8　中国的爨底下村是
北京市民的周末旅行目的
地之一，位于北京西面的
群山中

图 2.9　挪威的莱达尔
（Laerdal）村，坐落在挪
威西部松恩峡湾（Sognef-
jord）附近的镇区旧址，建
筑为传统木结构

的影响，从而造就了各具特色的传统建筑。但是，所有乡村地区在人
类、动物和环境之间的关系却存在许多共同之处。虽然各国的语言、社
会和文化差异在建筑和景观方面体现得淋漓尽致，但是深入分析后会发
现，中国的乡村与挪威的乡村极为相似，尽管它们在外部展现的是各自
传统的本土风貌（图 2.8 和图 2.9）。

　　　　　　　　　　　　　　　建筑与农业：乡村设计导则

马拉维、坦桑尼亚（东非）与蒙古的乡村

戴维（David）和克莱尔·弗雷姆（Claire Frame）都是退休教师，居住在明尼苏达州南部艾伯特里（Albert Lea）的乡村社区。他们在 20 世纪 60 年代，曾跟随美国和平护卫队在东非的马拉维乡村地区工作。他们最近又再次拜访了这个地区。我请他们记录下了当地在这 48 年中发生的变化，以及对非洲乡村地区未来的展望。以下是他们的反馈：

图 2.10 戴维和克莱尔·弗雷姆在 20 世纪 60 年代支教的村庄，位于马拉维纳茨尼山（Ntchisi）顶峰下约 5000 英尺处；当地一位农民说，由于全球变暖，他现在可以在这个海拔高度的土地里种植落花生，而这在前些年是绝不可能的

最近，我们回到了马拉维（Malavi），这个阔别了 47 年的地方。我们在 1967 年到 1968 年之间跟随和平护卫队在这个国家的一处偏远的乡村地区支教。这次回来我们发现，这个国家已经发生了很多变化，我想说一些自己亲身的见闻。我们这次回访的时间很短，参观的地方也有限，没有办法对这里做长时间的调查和研究，所以我的结论可能会有偏颇之处。我们的观察结果仅限马拉维乡村地区（图 2.10），因为我们当年待在当地大城市的时间十分有限。

我们的发现之一就是马拉维人口的大幅度增加。这个趋势非常明显，尤其在我们参观的那些城市。马拉维人口从1968年的400万增加到现在的1700万。曾经寂寥的小镇如今街头巷尾人头攒动，小镇建设从原来的中心地带向外不断扩张。人口激增也让这个国家现在面临很多问题：学校建设的增速无法满足越来越多的适龄学生的需求；更多的土地被开垦、播种，以供养更多的人口；树木被不断砍伐作为生活燃料；医院的数量亟待增加，以满足人们的医疗需求；大量增加的垃圾需要进行无害化处理，等等。然而，这仅仅是人口增加带来的表象问题。

在从马拉维的南部到中部的参观过程中，我们发现这里的森林被滥砍滥伐的情况十分严重。我们1968年离开时，农村地区都属于热带草原生态系统，主要分布着稀疏开阔的落叶树林。每年旱季开始直到雨季来临前的短暂时间里，这些树木色彩斑斓，像极了美国秋天时森林的景象。现在这样的颜色已经消失了，因为树木都被砍伐殆尽。而从前树下的草地也都被农民人工翻成了地垄，以备即将到来的种植季节之用。虽然必须开垦新的耕地以满足更多的人的生存需要，但森林仍然十分重要，因为它可以提供点火做饭的木柴。我们48年前在纳茨尼山（Ntchisi）生活的时候，需要从当地女性那里购买木柴来生火做饭，她们会到村庄不远处的树林里拾些木材捆好，然后顶在头上运回来给我们。而现在几乎看不到女性搬运木柴了；取而代之的是男性劳力们用自行车载着大捆的木柴，去几英里之外卖掉。我们也看到，重型卡车装满了木柴，销往更远的地方。还有人在镇子外很远的路边兜售麻袋装自制木炭，居民们不辞辛苦去买回家用。

在过去的48年中，这里的耕地面积大幅度增加，而且耕种方式也越来越多样。我们刚离开的时候，大部分地方的农业生产还都是采用刀耕火种的方式。农民们近期未耕种过的地块上，用砍刀把低矮的植被砍断，等它们自然干枯后用火燃烧，给地增肥，相当于农民有了耕作的"崭新"土地。现在对新开垦耕地的需求压力越来越大，这种耕种方式已经消失了。结果导致农民给田地补充的动物粪肥、混合肥料或化肥不够，因而土壤退化速度加快。不过，我们也看到了两种积极的做法：（1）很多地垄都是沿等高线垒砌的，可以缓解水蚀导致的土壤退化情况；（2）在同等高线的地垄上还栽种了带状的高草，也可以有效抵制水土流失。与以前相比，这都是在耕作方式上的进步

图 2.11　马拉维北部一座山脊上的农场，建有耕作用的房屋，陡峭的斜坡上布满了自下而上沿等高线垒砌的地垄

图 2.12　马拉维北部地区的一个独特的砖砌圆顶形建筑，用泥土封盖，涂成白色；用于存储玉米；上面采用独立式结构防止雨水渗漏

（图 2.11 和图 2.12）。

　　玉米是马拉维种植最广泛的作物，因为当地人最喜欢的主食是"恩希玛"（nsima）。它的制作方法是：先将玉米粒捣碎，然后用水浸泡发酵并用阳光晒干，之后再次捣碎，最后用水和匀，再加热至黏稠状如土豆泥状即可。恩希玛是蘸汤汁吃的，所以味道全在于汤汁的调配。其他日常农作物包括高温地区的稻米和木薯、落花生以

及大部分用于出口的烟叶。但由于价格大幅度下跌，烟草的种植面积在不断缩小。甘薯现在的种植面积比我们当年在这里时增加了许多，几乎和玉米持平，因为它可以和玉米间种，并且通过固氮作用增加土壤肥力。20世纪60年代时，只在高海拔地区种植土豆，但它现在分布的地域明显扩大，因为许多路边集市和市场里都可以看到整桶或整袋的土豆被贩售，而且很多饭店里还出售"炸薯条"（图2.13）。其他的木上作物有香蕉、咖啡、茶和昆士兰果，但产量有限。

1968年，戴维用当地的芦苇、竹子和草等材料搭了一个样板鸡窝以及一个农家小院，这样可以保护我们饲养的鸡群，并且所产的蛋能被集中起来。不知是否有其他人注意到，在马拉维，很多城乡地区养鸡的农户家中都出现了类似的建筑。在我们以前教过的一个来自这个国家最大城市的学生的家中，我们也看到了同样一个建造得很工整合理的猪圈。

气候变化正在持续影响马拉维的农业。我们是在旱季来到这里参观的，明显感觉到这里的干旱程度比20世纪60年代更为严重。我们

图2.13 一位带着丰收喜悦的表情的农民，正在马拉维中央地区的一个乡村集市上推销他的马铃薯

32

33

建筑与农业：乡村设计导则

还去看了当年常去的一座山顶的雨林，发现连雨林里的林下灌木都干枯而且变成褐色了。当地的一位农场主曾拥有一个位于高海拔地区的农场，他说"我们以前根本没办法在这个海拔种落花生，但全球变暖却让我们的这个愿望得以实现。"他还送了我们一大袋子的落花生当礼物。马拉维近年来遭受了严重的旱灾和洪灾，极大地影响了农业生产，甚至威胁到了国人的温饱。

这些城市中的一些区域的现代化程度已经与世界上其他国家的城市相仿；但也有一些区域是贫民窟，那里人的生活困苦不堪。我们参观的村落和当年没有太大变化，但有一个例外，那就是房子的建造工艺。我们在马拉维生活的时候，大多数村镇盖房子时都先用树枝和芦苇做一个框架，然后用从附近坑里挖出的稠泥浆糊在外面。另外一个方法是用约 10 英寸长、2 英寸宽和 10 英寸高的木模板来垒墙：先把泥浆倒进沿着地基一圈的模板夯实，然后把模板剥离，直到一圈墙壁全部垒好；等这一层垒好并晾干之后，继续往上垒。不论用哪种建造方法，最后的步骤都是盖上茅草屋顶。现在大多数房屋都是用自制的黏土砖搭建。很多房屋附近都有巨大的坑洞，人们就是从这里挖出黏土或泥浆并晒干成砖，然后把它们堆起来，在砖垛下面的槽里点火炙烤。这样烧制的砖虽然品质仍然不高，但比晒干的要坚固很多。现在很多村庄依然使用茅草做屋顶，但新建的房屋更多采用波纹金属板屋顶。

我们 1968 年离开马拉维的时候，其境内铺设的路面的总长度可能都未达到 100 英里。在那之后新的道路不断建设，其中有些路面还非常新，很少使用，所以得以保持完好；而时间较久的路面已经变得粗糙，出现了坑洞。另外，未硬化的路面的状况出奇地差，似乎还不如我们当年在这里的时候。我们猜想，应该是因为这些道路的使用率过高，并且小汽车和卡车越来越多，以致这些路面损毁严重，而马拉维却缺乏道路维护的设备。

我们俩都觉得这里的乡村生活和 48 年前相比，并没有太大变化。耕地主要还是依靠手工劳动或牛拉铁犁；播种、除草、收割、去壳、打谷、储藏以及烹制食物都手工完成；很多地方的生活用水还得靠人用桶拎；人们都在当地手摇泵旁边或者小溪边手洗衣服；衣服都是挂在矮树丛上或者铺在地上晾干；主妇依旧用三块砖或石头支起的锅和木柴点火，做同样的饭菜；人们盖房子也得亲力亲为；女性似乎比男性干的活还多，生活的负担依然繁重。不过在乡村还是有一些激动

34

人心的变化：手机已经普及；太阳能设备应用很普遍；一部分村庄使用上了自来水或者井水；电脑也开始进入家庭。在乡村居住的人们似乎和我们生活在两个世界。

未来的50年会发生什么？也许有人认为马拉维目前面临这么多问题，前途十分黯淡；但我们还是有如下的期待：马拉维的人口平稳增长；全球变暖趋势变缓；使用太阳能进行烹饪；开展大规模植树造林，以本地树种为主；通过改良育种、改善土质和有效储存雨季降水等方式增加粮食作物的产量。我们还希望劳动密集型的小农场能够继续生存下去，以减缓农村人口向城市流动的趋势；种植更多木本作物来增加森林覆盖面积。如果这些都能实现，马拉维的未来依然会是光明的。

参观完马拉维后，弗雷姆一家去坦桑尼亚游览了一个野生动物保护区。在那里，他们拍摄了很多自然环境中野生动物和鸟类的美丽照片。他们还参观了马赛地区，那里的周而复始的游牧文化延续了一千多年，维持了当地脆弱的自然环境与社会之间的平衡。这个地区已被联合国粮食及农业组织确定为8个全球重要农业文化遗产地之一，它展现了壮美的景观，同时也保留了农业生物多样性、弹性生态系统和宝贵的文化遗产。联合国粮食及农业组织将这几个农业文化遗产地描述为"非凡的土地使用系统和景观，其高度的生态多样性源自人类群落与自然环境的互动关系及其对可持续发展的需求和渴望，对全球生态多样性的丰富作出重要贡献。"［库哈弗坎（Koohafkan）和阿尔铁里（Altier），2001］。现在，马赛人依然生活在分散的乡村中，以放牧为生，饲养绵羊、山羊、骆驼和牛。戴维和克莱尔在2015年的参观过程中，为这个典型村庄拍摄的照片就是真实的写照（图2.14）。

在他们去非洲旅行的几年前，弗雷姆夫妇还去了蒙古核心地区的北翼，那里的游牧民族在草原和森林之间迁徙。在这过程中，他们会把整个村庄迁走；迁徙的原因是为饲养的牲畜寻找更多的食物。搬家时，他们把所有物品都装到车上或马背上，蒙古包（帐篷式的圆顶房子）也不例外，赶着家畜、牦牛和马匹去新的住处。这样的生活已经规律地保持了几百年。现在他们的家当多了圆盘式卫星电视天线和供手电筒、手机、电脑以及电视机充电用的太阳能收集器（图2.15和图2.16）

图 2.14　坦桑尼亚北部靠近肯尼亚的马赛村庄和牲畜，戴维和克莱尔·弗雷姆在东非马拉维旅游时拍摄

图 2.15　蒙古牧民赶着家畜、牦牛和马匹从一处草原向另一处迁徙

图 2.16　帐篷结构的蒙古包，牧民在迁徙过程中会带上它

日本一字村

　　和世界其他地方的乡村一样，日本的乡村也在努力寻找其在 21 世纪的定位。在密歇根大学建筑系获得硕士学位的安德鲁·沃尔德（Andrew Wald）在回美国之前，曾去日本乡村生活和支教。如今他是一名密歇根大学的建筑学者，他的主要研究是关于日本的德岛（Tokushima），这个地方被茂密的森林和陡峭的山脉所覆盖。他研究的课题是关于两个村庄——上胜町（Kamikatsu）和神山町（Kamiyama）——它们利用政府为乡村地区铺设地下高速光纤通讯网络的工程而发展壮大。如今前者已经成功实现了创业，实现了全社区互联网商业。以下是他关于日本乡村地区的亲身经历和感受：

　　一字村（Ichiu Village）是一个在日本四国岛中部沿海群山之间的星罗棋布的居民点（图 2.17）。现在这里的居民数量不足 1000，

36

而且大多是老人，分散居住在大约 40 个村庄里。村落隐逸在陡峭的山峰和幽暗的峡谷中。我于 2008 年到一字村，给这里的初中讲课。这所学校最多时曾容纳过 200 名学生，但我去的时候只剩 15 个。这所学校在 2010 年停办，小学也于 2015 年关停。现在一字村已经没有学校了，所以无法吸引新的家庭到此居住。自 1975 年以来，一字村的村民已流失了四分之三，而留下来的大多数是 65 岁以上的老人。社会学家大野章（Akira Ohno）把这个村落的状况称作"限界集落"（genkaishuraku），即濒临消失的"边缘村落"。像一字村这样消失的村落早已屡见不鲜。2006 年，日本政府对超过 6.2 万多个乡村社区做了一次评估，发现调查中六分之一的村落都面临很快消失的可能，并且他们当中的 422 个也许会在 10 年内消失。

对于一字村这种村落，必须想办法扭转人口和经济的萎靡，以避免它彻底消失。例如：附近的上胜镇（Kamikatsu）已经决定不遗余力地进行投资，以改善当地的生活质量以及现有居民的福利待遇；这种做法是应对人口缩减负面影响的"治本"之举，而单纯地控制缩减

图 2.17 位于日本的偏僻的一字村，安德鲁曾在当地学校支教

第 2 章 乡村建筑的传统 37

仅仅能"治标"。上胜镇是日本人口老龄化程度最高的10个地区之一，但这里的老人比其他地方的更健康，自理能力更强。需要专门护理的老人的百分比远低于全国平均值，人均医疗支出是一字村村民的一半。很多老人认为他们的健康和幸福源于"彩"（Irodori）项目，这个项目是社区组织的在线交易，由老年会员们把当地的树叶贩卖给城里的饭店和宾馆做装饰物来赚钱。会员每人每年捡树叶的收入平均为1.2万美元，实现了他们的财务独立。更重要的是，这个项目让老人们在经营商务的过程中能够应对挑战、刺激大脑思考，增加了身体和户外活动，并且加深了他们对当地风景的印象。这些方面都强化了他们对地方环境的主人翁意识（上胜镇还颁布了一项全镇"2020年实现零废物"政策）；也让原本互不往来的本地居民们互相结识，一起外出活动。这些因素都帮助了曾生活在气氛压抑的社区的老人，让他们重新找到了生活的方向与自信心，并开拓了社交圈。上胜镇的案例表明，一个社区即使面临人口缩减，也可以变得越来越有活力。

上胜镇旁边的神山町（Kamiyama）是因伐木业而兴起的小村落，它也因在人口缩减的情况下继续保持原有活力而广受赞誉。它也是日本老龄化程度最高的地方之一，村庄人口从20世纪50年代的2.1万人减少到如今的6000人。当地非营利组织的负责人大南山中（Shinya Ominami）大力提倡"创新型人口缩减"的概念，强调保持当地活力的重要性，尽管这在某种意义上颠覆了传统。从2011年开始，他领导组织"绿色山谷"（Green Valley Inc.），开始对外宣传神山町是科技的"世外桃源"，因为这里的光纤互联网速度是东京的10倍之高。目前已有12家总部位于东京和大阪的信息技术公司在这里设立了办事处，他们的办公场所是翻新过的老式农房和仓库，原本是当地的一家建筑公司（图2.18和图2.19）。大南明白，根据预计，神山町的人口会快速缩减，同时他也注意到，大多数新技术公司的员工都没有在这里定居。但他解释说，这些人给这个地方带来了新的活力和想法，为这里的经济和文化作出了贡献，所以决定留在镇子的当地年轻人会增多。他的最终目标是通过将人口流失控制在稳定的可预测的范围内，到2030年实现一种"可持续的人口缩减"状态。这将给当地社区预留更多时间来应对危机、估算需求和财产以及进行必要的重建。

人口凋零的一字村可以借鉴上胜镇和神山町的经验。在面临危机和前途不明的双重挑战时，像一字村这样濒临消失的村落，应该认

图 2.18 神山町村，这里
的旧商店被改造为高科技
办公室和现代化车站

图 2.19 神山町安格瓦
（Engwa）屋，现在改建
成一家媒体公司的技术办
公室

真地权衡每一个可能的选择，以保护公众利益，避免丧失活力。具体
方法是：

● 仔细评估那些已经"废弃"的事物，是否在当前具有一定使用
价值，包括弃置的房屋、公司和民用建筑，以及道路、水坝、挡土墙
和其他岩土工程等基础设施。它们都是乡村地区的重要组成部分，它
们的存在、状况和使用会对当地人的心态产生深远的、变革性的影
响。一字村应该在考虑对这些事物进行拆除、保留、再利用和进行外
部更新时，衡量常规和激进做法的可行性。

第 2 章　乡村建筑的传统

- 和当地环境重新建立联系，增强改造环境的意愿。几个世纪以来，林业和种植业让一字村的居民和当地的生态环境融洽相处。人口变化、气候变化以及农业的衰落已经威胁到了这些关系，导致生态失衡以及环境决策不力。林业曾是一字村这样的山区村落的主要生计来源，应当用合理的新方法利用大山、河流、森林和农田，它们不仅是物质资源，也是居民追溯和完善自身认知的途径。

- 应对移动性增长带来的挑战。这里的居民日渐年迈，居住得也日益分散，他们获得食物、商品、医疗服务以及享受文化和社会资源也越来越困难。为了应对居民分散、生活条件艰苦的问题，一字村必须让居民享受到基本的商品和服务，互相保持联系并与外界保持沟通。"新移动性"解决方案应是更智能的移动性，或者从根本上减少移动的需求。这包括实体的移动：经过改善的乡村交通和递送服务；以及虚拟的移动：远程医疗、定制服务、全天候技术，让一字村的居民和他们在城里的孩子们保持联系。

- 将数以百计已经移居到城市的前村民视作一字村的外乡村民，让他们参与到村庄的远景规划当中来。很多移居到外地的人们和家人定期回来探访，而故乡的村庄对在外的孩子们来说也是一份牵挂。正如"furusato"一词的含义：所有日本人心目中，存于想象之中而非现实居住的家乡。一字村的更新设计不仅包括这里的常住居民，也涉及在这里暂居或已迁走的人们的希望和愿景。

- 在一字村最后一批常住居民离去后，为这里的实体和文化遗产进行规划。很多一字村的"限界集落"（genkaishuraku）已经从热闹的聚居地变为无人的凋零景观，不论从人类还是自然界的角度而言都已沦为废弃物。在为一字村现有居民进行短期和中期设计时，应该考虑并塑造他们对当地乡村景观的长期影响。

一字村，以及其他终将消失的村落将面临许多未来现实的挑战。但是，上胜镇和神山町的实践探索，说明了人口缩减也可以带来机遇。在社区可以在人口缩减时不断成长。在这个过程中，很多人为乡村生活的出路提出了大胆的新设想。在世界发达地区的乡村社区感受老龄化和人口缩减带来的冲击时，这些日本村落"少而弥坚"的案例在应对人口缩减并抵抗衰退方面具有重要的参考价值。1989 年，一字村的人口接近现在的 3 倍，当时小说家村上春树（Haruki Murakami）就给他的读者提过一个问题："如果整个镇子都消失了怎么办?"他当时给出的回答是"没人知道"。现在，日本国内那些和一字村一样面临人口缩减的乡村社区，即将给出他们的答案——而且他们有机会告诉全世界，正确的答案应该是什么。

中国大理侗寨

来自北京建筑大学的讲师赵晓梅博士对中国的侗寨的乡村文化遗产进行了广泛的研究。侗族是中国 56 个民族之一，他们的文化充满活力，绵延至日常生活、社会结构、信仰、工艺与绘画、建筑和空间布局以及农业资源管理中，并相得益彰。侗寨的社会组织形式类似家族制，村里的决策者由村民选定，负责制定村规、管理日常事务，并主持公共活动和庆典。侗寨的社会组织形式和土地管理的传统由来已久，皆为约定俗成之规。随着越来越多的游客被这里的民族节日和文化所吸引，侗寨原汁原味的文化和旅游业已经出现了融合的迹象（图 2.20）。

赵博士的主要研究方向是肇兴侗寨社区的社会组织形式。这里的五个寨子都在村落中心建有一座鼓楼，其他建筑环绕鼓楼建造（图 2.21）。鼓楼是每个寨子所有公共集会活动的举办地，也经常作为寨子之间竞技的舞

图 2.20　大理侗寨，赵晓梅博士研究的一处偏远的中国乡村地区

图 2.21 肇兴五个侗寨之一，在鼓楼下摆的白事族宴

图 2.22 身着传统服饰的村民，节日时在肇兴侗寨鼓楼下载歌载舞

台。竞技通常以来自不同鼓楼的家庭为单位展开，他们或在游戏里比拼，或在舞场上较量；在这个过程中，对自家村寨的鼓楼的归属感不断得到增强（图 2.22）。赵博士说，让这些村寨继承和保护历史遗产并发扬光大的最好方式就是号召居民群策群力。这个乡村设计原则在美国和中国的乡村都同样适用。

对中国乡村来说，乡村设计的关键是找到一条这样的道路，让村民既能传承乡土文化遗产，又能从现代技术、通信和教育发展中获益，并且还

42

43 能保持传统生活方式。在这个问题上，赵博士的回答是：

2009 年我开始研究侗寨，当时我参与了一个保护规划项目，要将侗寨的一座鼓楼定为国家遗产。对我而言，当时，侗寨为我打开了一个新的世界，那里的生活方式、友善的居民与奇妙的建筑都十分远离我的生活。虽然我去过很多中国其他地区的乡村，看遍了美轮美奂的地方特色建筑，但我仍选择了侗寨作为我的博士研究课题。

和其他地区的乡村类似，侗寨也在历史的进程中不断发生着变化；我认为，变化是一个社会或一种文化得以延续的必要条件。而且，变化也分很多种，有的源于外部的直接压力，有的则来自间接影响，很难分辨清楚。大体来说，人们出于安稳的考虑不愿接受变化，但这种想法可能会扭转过来。而当文化遗产和旅游业挂钩之后，情况就变得更加复杂了。

总体来说，少数民族文化被认为略逊于汉文化。诚然，像贵州这样的少数民族聚居地的国民生产总值远低于汉族聚居省份；但是，我认为把现代经济指标当作唯一的判断标准是有失偏颇的。一提到像侗寨这样的地区，人们习惯性地认为这里很落后，有必要对当地居民的生活条件和方式进行现代化改革。在这些人心中，似乎现代化的标志就是砖瓦房、小汽车，当然还有小康生活，然而在传统观念中，粮食、家庭关系和名望通常被看得更重。我相信新技术必将改善乡村居民的生活质量，但这不应当以牺牲传统为代价。

侗族聚居地的民族风情旅游项目始于 20 世纪 80 年代，但目前我并没有看到当地的居民得到太多实惠。诚然，游客的到来让这里的少数民族——侗族名声在外，因为他们的寨子被评为了"文化遗产"。在这过程中，当地政府赚得盆满钵溢，而这些居民的收入只有小幅增长。但是，一旦这里的居民响应政府号召，把旅游收入用在生活现代化上，例如住进了砖瓦房或者混凝土小楼，那么游客就不再光顾。结果，侗寨的居民变得不知所措。难道他们改善自己的生活反而是个错误？为什么他们依旧还是侗族人，但文化却被认为不再纯正了呢？他们百思不得其解。

这样的旅游开发还仅仅是消费历史建筑；还有另外一种开发方式，带来的问题更加严重，那就是在盖新房的同时，按照游客对少数民族民居"原汁原味"的想象对老房子进行翻修，来满足游客的欣赏口味，这样的民居和侗寨显得格格不入。侗寨的原住民看起来并没有

44

领会旅游业的游戏规则，所以生意很快就被精明的外来商人取代。他们不得已把房子卖给了这些外来者，然后受生活所迫，背井离乡。他们到头来一无所有。那么所谓的遗产何在？这些鼓楼沦为给游客表演文艺节目的舞台，但是它们作为本土居民社会活动中心的功能却丧失殆尽，而这是我不愿见到的。

我坚信，我们一定能找到既能延续乡村传统，又能改善居民生活条件的办法；但是目前的旅游经营模式并不合理。我们要知道，应该还有其他实现幸福生活的方式。游客不应该仅仅来花钱游玩，更应该带着对其他文化以及原住民的尊重，从这段文化遗产体验中受到熏陶。这个学习的过程才是旅游的真谛。

世界各地的乡村建筑遗产在当地都是独一无二的。乡村人口向城市的迁徙以及农耕方式的发展带来诸多变化，我们应当谨记，城市和乡村问题一直以来都在影响着文化的发展。

城市建筑通过塑造公共空间将平常人联系起来，并赋予他们各自存在的意义；另一方面，乡村建筑更追求表达的是那些人类、动物、景观和社会的关系，它们支撑了农耕实践与社会文化实践。当城市和乡村相遇，一种新的动态关系出现，城市周边的次城市景观开始越来越受到关注。决定城市和乡村共同未来的关键在于，反思如何实现经济和环境发展模式的可持续性。

第3章
乡村建筑与乡村设计

随着世界人口扩张带来城镇化的加剧，土地利用以及对未来食品安全的关注成为了政治性问题，由此影响了世界范围的农业与土地利用的方式。比如，农场里更多的牲畜数量的需求，从经济性的角度来说，正在影响畜牧业模式的变化。结果就是乡村地区的农场规模越来越大，而农业人口却不断减少。人口转移给小型村镇，带来了巨大的生存压力。相比之下，致力于新鲜食物的小型特色农场，已经在大城市附近发展成为一种可选择的生活方式。这些农民本着可持续发展的原则，向城市人口供应食物。这种称之为社区支持型农业（CSA）的运动符合邻近市区的小型蔬菜农场的传统。这同时也成为一种全新的市民与 CSA 农民达成新鲜食品供应协议的方式。作为这种新鲜食品运动的一部分，社区花园也开始在城市社区闲置公共土地上逐渐形成。

随着城市地区的不断扩张，我们亟需寻找适合城乡边缘地区的土地利用分类的方法，以缓和不同力量对土地的竞争。目前的重点是保护好那些最适合农业发展的土地，同时本着可持续性原则来保障城市的发展。在住宅、商业和工业发展的同时，保护自然、开放空间以及农业生产——特别是城市农业地区，在这里，农民通过农贸市场和农产品合作来种植和分配农产品，为健康意识不断增强的城市人群提供新鲜蔬菜和其他商品。

圣保罗农贸市场（St. Paul Farmers' Market）是美国最好的农贸市场之一，自 1853 年以来一直持续运营。市场上提供的农产品和其他产品种类繁多，它们都产自以圣保罗市为圆心 75 英里（约 121 千米）半径的范围内（图 3.1）。另一方面，密西西比河上的明尼阿波利斯农贸市场（Minneapolis Farmers' Market），也有大量当地供应商只销售当地的食品，但是它允许供应商销售或生产本土外的水果和产品（比如在明尼苏达州外种植的香蕉）。这两者都是优秀的市场，然而圣保罗农贸市场的定位更为明晰，而且常年能看到相同的农民是件快乐的事情。随着时间的推移，消费者可以亲自了解售卖的农民，同时在市场上也能经常遇到朋友和邻居。

图 3.1 当地农民在明尼苏达州圣保罗农贸市场上销售产品

我认识一个农民，他还多年从事城市社区管理工作。自孩童时期起，他就随父亲和祖父在圣保罗农贸市场销售自己家庭温室种植的产品，迄今已超过 60 个年头。

乡村的变化

美国农业正在传统耕作方式上迅速发生变化。专业化的农场致力于生产乳制品、牛肉、猪肉、家禽或经济作物，它们是当今市场的楷模。对廉价食品的迫切需求，使农民饲养越来越多的动物，并获得更大面积的土地，以应对饲料生产、废物处理，并分摊设备和建筑的费用。这种飞速变化促使了预制农业建筑的广泛使用，这类建筑主要用于大型封闭式农场设施。

影响农场建筑外观最重要的技术变革也许是 20 世纪 30 年代经过化学处理的木材的问世。这种技术允许木材可以被直接放置在地面上。乙烯基涂层波纹钢化金属板可直接用于木结构的屋顶和墙壁，伴随其发展，这种低成本结构彻底改变了现代谷仓的外观。这种称之为"轻木框架结构"的建造系于 1953 年获得专利，其中包括对木柱加压防腐处理的技术规范，这些木柱是墙体支撑的主要结构，再加上屋顶桁架，形成一个独立连续的单元，表面再覆盖上金属面板，成为低廉的农用建筑（图 3.2）。

这种建筑（有时也被称为"杆式建筑（pole building）"）通常由预制房屋建造商采用农用工程标准建设。由于这些建筑都是采用标准化方式建

47

图 3.2　用于牲畜用房的典型的带有金属屋顶的轻木框架结构建筑和预制木结构建筑

设的，通常成本低廉并且建造快速。不过，购买这种建造系统的农民，必须非常了解建筑物的功能以及如何运转，因为他们实际上成为了一名需要协调所有施工问题的设计师。在没有任何建筑师的协助下，农民个人要负责与建造商及当地建筑工的协调，包括大量关于场地、建筑设计、场地分级、结构、机械和电气系统、设备以及饲料和废物处理系统等问题，这些都是确保建筑能够按照功能性和经济性要求适当运行的必备因素。

48　　　　由于遵循相同的建造流程，这些预制轻木框架建筑系统，无论在哪建造或出于何种目的，看起来都非常相似。正是由于这类建筑的相似性和广泛使用，以及对土地的不合理使用，这类建筑中饲养的牲畜所涉及的食品安全问题开始凸显。这也导致美国的一些主要食品供应商开始改变购买程

图 3.3 阐明畜牧业与居民
住宅之间的空间关系的乡
村景象，以及农民希望增
加农场牲畜数量所带来的
潜在社会冲突

序，只从以自由散养方式饲养动物的农民那里购买产品。此外，由于牲畜
数量巨大，农场出现了严重的废物处理和恶臭问题，同时也带来了社会冲
突和地方问题，因此土地利用问题开始被迫进入政治领域。

例如，在明尼苏达州的某些地区，城乡周围有限的土地正在引发土地
竞争。社会冲突来自两方面，一方面是猪种饲养者和奶制品供应者希望扩
大生产规模，而另一方面则是因农村人口增长而急需新建住宅区。许多没
有乡村背景的城市退休人群都希望居住在乡村，这些住宅区的开发引发了
社会矛盾，主要来自农民对于恶臭和粪便的管理方面（图 3.3）。

在世界其他地方，比如中国的乡村，农民放弃了乡村生活而选择搬到
城市，造成了年龄结构的扭曲和社会的变革，这也正是中国快速人口增长
带来粮食短缺的原因之一。明尼苏达州拥有 150 年乡村种植的历史，并适
应了许多乡村的变化；而作为拥有 5000 年种植历史和乡村文化传统的中
国乡村，其农业传统来自人类、动物和环境与土地之间的关系。乡村设计
不仅是一个解决问题的过程，同时也是解决问题的方法，能够帮助我们找
到创新性与创造性的解决方案。

农场建筑的模式   49

以下两个农场是非常优秀的农舍建造的案例。在没有建筑师参与的

情况下，普通的建筑系统与聪明才智完美结合。在这些项目中，业主对所做的工作充满热情，知晓必备的知识，了解适合使用的土地。在这些土地上，他们可以组织、建造和管理家庭农业的生产。

松湖野生稻田农场（Pine Lake Wild Rice Farm）是一个占地 7000 英亩（约 28.3 平方千米）的永久混合型农场，位于明尼苏达州西北部的克利尔沃特河（Gearwater River）沿岸，它是一个把低价值、经常被淹没的农田改造为高产农场景观的最佳案例。在尊重环境的前提下，该农场将平坦的土地整理成灌溉田地，从克利尔沃特河引水入田，进行野生稻、土豆、大豆和其他作物的种植。

泰勒制造农场（Taylor Made Farm）是一个世界级纯种马匹养殖场，位于肯塔基州尼古拉斯维尔附近，它是家庭农场的杰出案例。该农场从事赛马培育产业，运用了赛马行业和马术的知识。这些知识由父亲传授给四个儿子，如今这些知识融入到了肯塔基乡村马场的设计和建造中。这个马场从功能上表达了对马的安全和健康的高度关注，同时马场杰出的建筑设计与肯塔基连绵的乡村景观十分协调。

这两个农场被列入的原因，是他们的设计和建造过程没有任何建筑师的参与，只是依靠家族代代相传。这两个农场在风景与建筑之间呈现紧密的联系，其形式与所在地的功能、文化、气候和场地相互协调，并且长期遵循环境保护和可持续原则。

明尼苏达州松湖野生稻田农场

这个家族企业是明尼苏达州规模最大的家族企业之一，占地大约 7000 英亩，这片土地生产野生稻、土豆和大豆。土地被精心整理，从克利尔沃特河中引水灌溉，河水被平分引入田地，在收获季节之前归入河流。目前该农场由保罗（Paul）和凯西·伊姆勒（Kathy Imle）及其儿子彼得（Peter）拥有和经营，彼得毕业于明尼苏达大学卡尔顿学院，获得了农学硕士学位。他们期望农场一直由家族管理，最终由一个或多个孙子拥有和经营。农场沿着克利尔沃特河布置，其建筑群包括一些特定的建筑，每栋建筑均有特殊用途，比如服务于大量的拖拉机和组装机械，以及其他需要长期维护农场的设备。复杂结构的建筑模式在长期发展过程中从未被考虑，取而代之的是功能性的组织模式，这种模式将钢结构和轻木框架结构的美学与当地景观和气候紧密融合。农场主保罗和凯西·伊姆勒这样描述了农场发展的过程：

我们在明尼苏达州西北部地区建设农场建筑，主要有四个选择。钢结构建筑提供大跨度，主要应用于大型商业。立柱墙①与固定木构建筑②通常建造在预制混凝土地面上，并采用限制跨距的木梁架。杆式建筑主要建在分级的砾石地面场地上，用于存储机器。活动房屋（quonset building）可以由木材或钢材建造，带有混凝土地板，用途多样。这些建筑物的屋顶和墙面通常使用钢材建造。我们采用立柱墙建筑作为商店，以及用来储存马铃薯和化学品的仓库，因为这些材料隔热性能好，效率更高。在我们获得农场前，活动房屋就在这里，所以我们改造它为我们服务。其余的保留建筑物是用于冷藏机械的杆式建筑。所有的建筑采用镀锌钢屋顶和灰色的钢质壁板，使它们看起来像是个整体。我们所有的建筑物都由在立柱墙和杆式建筑方面经验丰富的邻居建造。

农场建筑坐落在一片树林中，这些树木从北面、西面和东面保证农业生产免受大风和极端天气的危害（图3.4）。该处场地已进行分级，并且安装了排水瓦管组织排水。核心建筑是全年营业的

图3.4 从一片成熟野生稻田望去的松湖野生稻田农场的综合商店

---

① 立柱墙（studwall），一种用于室内的非承重墙。——译者注
② 固定木构建筑（stick woodbuilding），与活动房屋相对，主要的建造过程在场地本身完成。——译者注

建筑与农业：乡村设计导则

图 3.5　松湖野生稻田农场的中心建筑，所有农场管理和维修活动都在此进行

商店，包括运作的办公室和总部。选择该场地是为了在需要时为加建的建筑留出空间。由于冬季严寒，商店的北侧没有门，只设有极少的窗户。商店有一个大的开敞区域用于维护和装配，入口布置在南侧，便于在冬季进入，此外还有办公室、零件室、休息室和咖啡厅，天气允许的话，我们还在露天平台树荫下设置户外的午餐休息区（图 3.5）。

商店旁边是一个原有的活动房屋，用于储存大型机器零件和停放服务用车。农场的西边是一个用来放置机器的杆式建筑（马铃薯收割机、种植机、组装装置和拖拉机）。东边是马铃薯仓库建筑，刚刚新建的建筑用于化学品的储存。燃料储存区最近已经开始逐步规范以避免泄漏。商店所有门窗上的传感器都与电话和执法部门的系统相连，负责安全性预警。我们农场周边都安装有摄像头，提供闯入者的车牌号和照片。

我们的农场符合联邦农场服务机构、联邦自然资源保护局和州有关湿地和沟渠管辖的各种规则和条例。我们种植的作物全部采用最优的管理方案，我们在培育野生动物和树木种植方面的保护实践方法具有悠久的历史。对肥料和化学品的所有操作都由计算机全程跟踪，并采用了全球定位系统（GPS）。

松湖野生稻田农场是一个使用轻木框架结构的建筑群案例，这种结构现在是整个美国主要的农场建造技术，并且由于低廉价格而为世界其他地区所羡慕。如此宏伟的木制农场建筑的传统代表了曾经独特的景观和文化遗产，而如今已被标准的金属建筑所取代，然而这些金属建筑无论建在哪里，看起来都十分相似。

虽然轻木框架结构的建造基于良好的工程原理，但其工厂化生产模式和千篇一律的建造方式无法适应不同地形和气候，这使得整个乡村地区呈现大量十分类似的金属建筑。制造、销售和安装这类建筑的公司只注重营销他们的产品，而把功能和美学决策交由业主决定。

松湖野生稻田农场是个非常优秀的案例，它的业主具有强烈的场地意识，注重美学和设计，懂得去适应乡村景观和气候，并且能够向所有参与建造者清楚表达自己的想法。（图 3.6 ~ 图 3.8）。美国家族农场的传统在伊姆勒家族三代人的照片得以展现——父亲保罗、儿子彼得和孙女莎拉（Sara），孙女有朝一日也会接管农场（图 3.9）。

图 3.6　松湖野生稻田农场里储存和处理化学物品的新建筑

图 3.7　松湖野生稻田农场带有金属屋顶、墙壁的商店建筑和远处的田野说明了建筑与景观的关系

图 3.8 种植和维护农场上作物的大型拖拉机和其他设备，种植物包括野生稻、马铃薯和大豆

图 3.9 运营松湖野生稻田农场的三代家庭成员，父亲保罗·伊姆勒（Paul Imle），儿子彼得·伊姆勒（Peter Imle），孙女莎拉·伊姆勒（Sara Imle）（将来她也会接管农场），照片摄于 2014 年 7 月 14 日的农场

53　肯塔基州的泰勒制造农场

　　临近肯塔基州列克星敦的马场是世界上顶级的良种马繁殖场，目前由 18 世纪 60 年代定居于此的泰勒（Taylor）家族运营。如今的泰勒制造农场由约瑟夫·兰农·泰勒（Joseph Lannon Taylor）的四个儿子管理——邓肯（Duncan），弗兰克（Frank），本（Ben）和马克（Mark）——自父亲成为附近盖思韦农场（Gainesway Farm）的管理者起，孩子们就与马场生

54

图 3.10　泰勒制造农场的培育中心位于 1200 英亩农场的中心，同时也是举行活动的中心

图 3.11　泰勒制造农场五个种马场里面的一个，用于饲养育种前的马种；农场建筑和场地与生俱来的特征是广阔的景观

意一起成长。泰勒制造农场始建于 1969 年，那时约瑟夫·兰农·泰勒购买了一个现成的烟草农场，该农场在20世纪80年代之前被用作多种用途，但之后成为今天我们看到的马场（图 3.10 和图 3.11）。

　　泰勒制造农场的第一个马厩是由约瑟夫于 1983 年建造的，他在退休前一直管理着盖斯韦农场，1990 年他的儿子们加入进来。然而，他的想法和知识帮助了他对农场设计与建造的指导，这些内容在他 1993 年出版的《育马和养马指南》（*Complete Guide to Breeding and Raising Racehorses*）一书中有所介绍。他在书中详细描述了如何寻找合适的土地（他更喜欢崎岖不平的地方，这有利于排水和锻炼马匹）和对农场进行初步的布局，其中包括建筑、道路、牧场和草场的总平面图。他强调了家的位置应该布置在高处，这个位置既能观察到马匹，也能在门廊享受夜晚的鸡尾酒会。

他写道，大多数马厩都应该在侧面张贴一个标识，意在"警惕这座建筑可能对你的马匹健康有害"，然后他描述了马厩为什么不是马匹的理想家园，因为它们是野外进化的物种。培育现代马匹需要设置训练内容与日程，所以马厩十分必要。一个设计得当的马厩能保证将训练马匹带来的健康和安全风险降到最低。他说，马匹需要马厩，这样它就可以安静地进食，而不用和其他马匹在草场上激烈竞争，"每天四个小时呆在室内马厩，允许马儿悠然进食，再躺下小憩"。由于马厩仅需要遮挡零度以下的凛冽寒风，因此它的设计和建造应当近似自然条件以防止冬季寒风，并在炎热的夏天能更加凉爽。

约瑟夫·泰勒描述了建造马厩的步骤，并阐明了他的思考过程：

1. 选址、场地分级和排水——找到一个理想的高地，能够迅速排出暴雨季马厩里的水。邀请工程师创建地形图，帮助确定马厩和排水系统的最佳位置。

2. 地板——设计和建造便于水和粪便的清理，使用粗沥青覆盖的砂石基础，每年进行压力清洗。

3. 建筑材料——尽可能使用维修率最低的坚固材料。考虑到耐用性和灵活性以及木框架结构屋顶，泰勒更倾向于使用混凝土砌块建造墙壁。

4. 通风——这是设计中需要重点考虑的问题。因为对马匹来说，马厩这一形式可以在夏季利用自然风，在冬季阻挡凛冽寒风，并且温度不会太热。高挑的斜屋顶有利于畜栏上方的通风和采光，但他反对在阁楼储存干草，因为这会产生很多灰尘、霉菌和糠秕，一旦马匹吸入肺部，会造成严重的呼吸问题。他还讨论了畜栏尺寸和门的开口设计，窗户要设置在过道两侧，紧靠畜栏，这样便于新鲜空气进入。此外，他还详细说明了五金构件和门上的通风金属网应无突起，否则会伤到马匹。另外，如果马匹能通过外墙上的荷兰门[①]把头探出，他们会更加自由。

---

① 荷兰门（Dutch door），一种上下分成两截的门，下半部分可以在上半部分打开时保持关闭。这种门设计的最初目的是让动物远离农舍或让孩子进入室内，同时允许光线和空气通过。——译者注

5. 此外，他还详细讨论了关于供水、供料、清洗架、直角转弯、照明和储存区域，以及消防和紧急情况的规划和维护的问题。

参观泰勒制造农场是一件愉悦的事情，这是因为参观者能切身感受到，泰勒家族用心经营马场，对马匹照顾精细，这些成为了幸福感的维系纽带。马场的布局以及建筑和景观的设计，体现了泰勒家族对于培育优秀赛马的热情，而且在某种意义上，也是人类与马匹共同生存的完美典范。泰勒制造农场起源于一个小型的寄居处所，如今已发展为世界著名的良种培育基地、销售机构和马种畜场（图 3.12 ~ 图 3.14）。

正如泰勒本人在书中描写的那样，"约瑟夫·泰勒式的激情和智慧，以及对完善马术艺术的巨大渴望，在家族中源远流长"。如今的泰勒制造农场由图 3.15 中约瑟夫·泰勒的四个儿子拥有并运营。

约瑟夫·兰农·泰勒在书中强调这样的原则，"每一个便利设施都要以马匹的安全为先"。关于写这本书的原因，他说，"想让更多的新人从事马匹生意，帮助别人做得更好，但记住成功不仅仅在于赚钱"。关于他作为马术人的一生，他写道，"马是上帝创造的最高贵大方的礼物。一匹

图 3.12（左） 约瑟夫·兰农·泰勒设计的马厩之一，展现了典型的建筑和结构细节，他是目前经营泰勒制造农场的兄弟们的父亲

图 3.13（右） 泰勒制造农场的马厩内部结构稳定，使用轻木框架结构，高挑的顶棚板利于通风和自然采光，畜栏和外墙均使用混凝土砌块，这说明约瑟夫·泰勒在建造中注重经济性和灵活性，并且考虑维护便利

图 3.14　泰勒制造农场最具代表性的马厩

图 3.15　弗兰克、本、马克和邓肯以及他们已故的父亲约瑟夫·兰农·泰勒

57　　好的赛马会尽其一生来完成比赛，因为它的使命在此。希望你们能从这种精神中学会感动和谦卑。用尊敬和慈爱善待你所有的马，因为它们是最勇敢的动物。请善待身边的所有生灵。"（泰勒 1993）

　　肯塔基乡村的泰勒制造农场的设计和建造与明尼苏达北部的松湖野生稻田农场一样，它们的建造都是在没有专业建筑师和景观建筑师的参与下完成的。但是就像历史上的农民那样，他们与生俱来拥有对地球环境与气候的直觉感知，他们与当地建造者一起协作，创造了在功能和美学上都独一无二的农场，一个是培育和销售马匹，另外一个则是播种与收获野生稻、土豆、玉米和大豆。

　　赠地大学里开展的牲畜用房系统标准的研究对农业推广服务起到了一定作用，对解决建筑形态单一和土地利用的困境起到了帮助。大学的研究推广了低成本、高牲畜产量的封闭式建筑的建造理念。从动物健康和生产的角度来看，这些牲畜用房的理念包括通过控制通风和环境，从而限制疾病传播；兽医告诉我，只要动物每天有吃有喝，远离恶劣天气，它们根本不在乎是在室外还是室内。正如前文所述，家养动物是从野外物种演化而来的，而且动物权力保护者们也对这个问题做出了回应，并坚持认为我们应该给动物提供历史上类似的环境条件。

　　大学的研究在饲料处理、废物管理和牲畜养殖方面进行了技术改进，并提供了在单一操作下管理大量动物的更好的方法，这种方法减少了人工劳动，降低了设备和建造成本。这些研究工作主要集中于动物护理和健康，目的旨在提高产量。然而更大的社会问题——比如场地选择和布局对社区和自然环境的影响——通常被忽视，只能让个体农民在农用建筑建造过程中进行博弈。

　　设计 - 建造公司为牲畜用房提供了大量的预制建筑系统，以及建筑信息和农场建筑布局的典型资源库，农民可以在设计和施工中使用这些资源库。从历史上看，传统的农场建造者们懂得农场如何运作，他们将功能布局、饲养方法、建造类型和那个时代的技术融合成一种风尚。随着工业建筑系统的出现，这种风尚逐渐消失。而现在新的建筑模型十分必要，它有助于我们在功能、美学、经济和景观之间重塑平衡。模型的必要性在于，它能利用最新的技术，逐渐帮助公众建立对这类农业的信心与认同，在区域范围内确立土地管理权，并允许土地在全球市场上进行经济竞争，同时考虑到了社区和邻里的相关问题。

　　为解决这个问题，乡村设计中心在服务明尼苏达奶业协会开展了一项研究，该研究概括了奶牛场环境改善的要点。设计中心由明尼苏达州议会资助，旨在研究明尼苏达州乳品工业：（1）研究景观特征和资源环境清单，包括人工环境对乳品工业的影响；（2）评估景观特征清单的重要性与优先性；（3）分析通过规划和设计过程调节和整合景观特征的方法。

　　该研究提到了奶牛场的四个高优先级模型——地表水、地下水、栖息地和社区关系——然后融合这四个方面创造了第五个模型，为现状和新建的奶牛场提供一个环境质量保证方案。显而易见，研究表明，大众并不希望动物在畜棚度过一生，他们希望在户外看到动物，即使兽医表示这对动物而言毫无差别，因此在户外饲养奶牛对大众和牲畜来说都是有利的〔鲁斯（Roos）等，2003〕。

研究重点通过梳理全国范围内的农场和农舍的各种类型，明晰了农业建筑的发展方向。在上中西部地区建造的农场建筑的类型，由相关的动物类型和数量所决定。由于经济效率的原因，单一农场的牲畜数量迅速增加。例如在1930年，中等规模农场的动物种类呈多样化趋势，种类包括奶牛、猪、牛和羊。直至20世纪60年代，小型多元化农场逐渐消失，专业化农场不断壮大。为了保持竞争力，奶牛场的规模不断扩大，平均每个奶牛场饲养约60头奶牛。根据乳品经济学家的观点，如今至少要饲养150—200头奶牛才有利可图，所以目前400—800头规模的奶牛场十分普遍。在美国的其他地方的一些农场只配备少量设备，却饲养了高达10000头奶牛！当前的收益状况不容乐观，但农场的规模却在不断扩大，这种趋势还会持续到不久的将来。

在最新的技术建造和管理的理念下，奶牛场正逐渐朝向大型封闭式畜棚的方向发展。这些畜棚有着高耸的顶棚空间，旨在最大限度地保证夏季通风和冬季除湿。建造的理念是利用自然空气的流通，尽可能少地依赖机械装置进行饲养和粪便处理。他们使用穿梭车道，通过货车把室外仓库的饲料分配给奶牛，奶牛则通过头锁[①]直接进入饲道进食。这种类型称之为自由畜栏，奶牛可以在休息畜栏和饲道之间自由活动，饲道没有自动饮水装置，同时在独立的挤奶厅里规律地定时挤奶。粪肥通常由小型拖拉机刮出，然后推进肥料库。液体通过虹吸压力管转移到处理池或贮粪池，经处理后排放到田野。

挤奶厅是奶牛场运作的核心，它涉及尖端复杂设备的使用。如今的趋势是低结构技术的建筑，配备高科技的挤奶设备。机器人挤奶技术已经实现，奶牛可以自由地产奶，但由于成本和技术原因，该方法尚未普遍应用。中西部奶民面临的挑战是设计与建造一个经济并且生态安全的综合建筑，其通风能适应季节变化，并且在饲养过程和废物处理方面尽可能少地使用劳动力与设备，能够为牲畜健康提供隔离设施，并设有自动化的挤奶厅。

另一方面，牛羊畜棚是低技术建造的建筑，用于开放式的饲料场，是否需要加建顶棚取决于气候条件。通过这个系统，牛群便可在饲料场的荫

60

---

① 头锁（headlock），北美养殖场常见的标准化畜栏形式，用于进食。——译者注

凉或避风处舒适地进食。通常，饲料料斗通过机械的方式连接到储存筒仓。畜棚使用刮洗泥技术或开槽的预制混凝土地板收集粪便，并排入和挤奶装置类似的污水处理池中。

对于饲育型设施，还需仔细考虑自然因素的影响，诸如位置朝向、通风、防护及防风。在北方，防风物和遮蔽物尤为重要；在南方，最重要的是遮阴和降温。畜棚建造的挑战是，设计一种能够识别自然、尽可能不依赖机械装置并且保证环境稳定的建筑。牛羊畜棚的设计理念是使地形与设施融入乡村景观，使排水和恶臭得以控制，并且使粪便远离公众视野。

养猪场设施的设计概念通常是完全封闭式的，并且是高科技且非常专业化的。猪群通常是在相对独立且机械通风的建筑中饲养，因为这能更好地隔绝疾病，产出更多的猪崽，最大限度地提高产量。实行完全封闭概念的主要原因是，能够保持全年温度恒定，使农民的劳动和收入均衡。饲养生猪的每个阶段都有专用空间和独立区域，分别用于育种、喂养、清洗、处理和销售。

养猪场设施的理念是保持建筑设备在全年高效率工作，产出更多猪崽。适当通风和加热以保持最佳的温度、控制疾病、设置自动喂养输送机械，以及通过开槽地板收集粪便，这些都是现代养猪场设施的特点。为了控制恶臭，大多数有责任感的大型养猪生产者会使用粪便储存罐，使其尽可能少地暴露于空气中，在玉米收获季节之后使用气泵系统把液体废料注入田野。

由于畜棚设施是高耗能的用户，热回收系统、甲烷气体处理、自然通风以及恶臭控制和利用这些领域都亟待研究。由于强烈的恶臭，养猪场通常设在远离人类居住地的地方。公众对大量动物集中饲养带来的恶臭、废物处理以及环境危害的担忧，将对未来的养猪业产生重大影响。明尼苏达大学的农业工程系正在进行关于恶臭监测和环境问题的研究。

家禽饲养设施同样属于专业化的复合型建筑，其类型取决于其涉及的生产方案——产蛋、小母鸡[①]或肉鸡生产、肉鸡饲养、或火鸡养殖、成长和加工。家禽养殖的类型取决于特定区域的市场特点，这是由地理条件而定。随着高度机械化设备的发展，"装配线"技术是目前环境控制中畜牧生产和管理的一项标准技术。上述设施通常建在城乡外围的畜牧加工厂附近，因此带来了大量针对恶臭问题的投诉。大学的研究重点正是此恶臭问

61

---

① pullet，指不到一岁的母鸡。——译者注

图 3.16 美国内布拉斯加的大型现代金属谷物罐，用于干燥和储存玉米，这是美国大平原地区公路沿线的典型景观

题，旨在确定可接受恶臭的最低标准而不是平均值。

玉米和粮食储存是农庄的重要组成部分，从殖民地时代开始就具有鲜明的特点。美洲土著人向移民介绍玉米，并利用玉米仓库存储和干燥玉米。许多农场也使用小型粮库收集和储存饲料或经济作物。所有这些附属建筑都与所属地区和农业类型直接相关。由于机械化的实现、杂交玉米和商业肥料的使用，玉米仓库发生了很大变化。其形式从自然风干的垂直边坡的开口槽墙，演变为砖石砌体筒仓，再发展为带有机械玉米烘干装置的大型圆形金属谷物罐。如今，这些圆形金属谷物罐是美国乡村景观中最引人注目的建筑（图 3.16）。

62

机械作为农业的组成部分，其进化始于罗马时代的牛拽木犁，逐渐发展到现代农场里各种专用的拖拉机、联合装置和田野设备。由于机器和设备需要日常的储存和修理，而且美国农场的位置远离城镇，所以农庄通常设有铁匠铺和木工车间来完成必需的修理。近年来，随着交通条件的改善，农民及城镇的设备修理，与服务经销商的关系更加密切。在现如今的大型农庄里，大量的农业机器都依据农业类型，储存和保护在不同的库房和建筑类型中。

乡村建筑设计导则

以下是乡村设计中心提出的一系列影响乡村景观中乡村建筑设计与施工决策问题的清单。每个问题都有一个与之相关的设计指南，以帮助业主与设计师作出有关功能、文化、气候和场地的决策：

1. 土地决定了农业的类型，以及在此建造的建筑物的特性。

设计导则：独特地形、气候、土壤、生态、流域和野生动物景观的特征，应该是农业、建筑物和长期可持续发展考虑的首要因素。

2. 建筑应当运转良好，易于改造，并能够跟随技术创新与经济发展而更新。

设计导则：操作方法、动物数量、劳动节约装置、废物和恶臭管理控制系统将会不断变化，从而影响短期和长期规划，因此农业建筑设计应易于修改和更新，以适应新的标准。

3. 建筑应当自给自足。

设计导则：农业建筑应当达到投资回报平衡，并且经济实惠，便于商业经营管理；它们应该成为营销、运输和维护农业基础设施中的一部分。

4. 建筑物应当是可持续的，并且能适应当地环境，能在农业景观中有效利用生物能源。

设计导则：风力、太阳能和生物能源应当用于牲畜用房以及其他工作建筑的降温、加热和通风。防风罩、被动太阳能加热和手动调节装置应能适应四季的变化，以减少能耗。

5. 乡村建筑必须实行一体化工作系统。

设计导则：作为整体的工作建筑群系统，农业建筑综合体应围绕核心外部空间环境（农业庭院）进行组织，以协助农业工作流程和服务。

6. 乡村建筑应当是一种可视化表述。

设计导则：良好的乡村生产建筑应当能与周边的乡村景观相协调，外形整洁且有亲和力，塑造积极的公共景观和促进邻里友好。

轻木框架结构的金属表皮建筑具备潜力，可以参考上述设计指南进行设计和建造。但仍需要建立模型来说明建造的可能性，以及在乡村地区如何通过设计将地方历史文化和人们未来生活和工作的多样性进行融合。我希望，明尼苏达州松湖野生稻田农场和肯塔基州泰勒制造农场的故事能够帮助读者深入了解农民如何在没有建筑师参与的情况下，有效解决这些纷杂问题。

63

我希望这本书能为农业和乡村景观建筑的设计理念指明一个新的方向。设计师们需要对农业建筑的建造赋予新的理解和自豪感，以激励创新并激发乡村的未来。未来的乡村会欢迎城市游客的到访，探索并欣赏乡村景观，并且按照牲畜和其他农业需求建造建筑。乡村地区的自然环境保护完好，创新与技术不断加强，将吸引艺术家和创意人士到来，帮助创造一个充满活力的场所来居住和繁衍后代。

第4章

建筑与农业案例研究

许多年来，我拍摄和描绘了大量的乡村景观中的农业建筑，这些建筑在农业历史中扮演了重要角色，反映了农村文化发展中人、动物、景观之间联系的悠久历史。美国宾夕法尼亚州兰卡斯特（Lancaster）的阿米什（Amish）农民在附近农场耕种的情景，清晰地演绎了美国各地农场里的农民、马匹和机械之间传统的工作关系（图4.1）。

伟大的美国建筑师弗兰克·劳埃德·赖特（Frank Lloyd Wright）对农业有着浓厚的兴趣，并设计和建造了用于牲畜饲养和农业活动的建筑，包括1916年的位于威斯康星州塔里辛（Taliesin）综合建筑的中途谷仓[①]和著名的"罗密欧与朱丽叶风车"[②]。他设计的其他几个谷仓并未建成，不过

图4.1 一个阿米什（Amish）农民用三匹马在宾夕法尼亚州兰卡斯特（Lancaster）附近的玉米农场里犁地；在拖拉机诞生之前，这种场景在美国随处可见

---

① 中途谷仓（Midway Barn），是塔里辛（Taliesin）庄园中赖特设计的五座建筑之一。——译者注
② "罗密欧与朱丽叶风车"（The Romeo and Juliet Windmill），为菱形和八边形组成的木结构，位于威斯康星州怀俄明镇。——译者注

他的设计通常会仔细考虑与当地景观和住宅区的关系，比如1932年的沃尔特·戴维森（Walter Davidson）小农场项目。建筑历史学家小文森特·斯卡利（VincentScully, Jr.）描写了关于赖特与土地的关系："赖特表现了他对乡村景观的尊重，他认为，每一栋建筑都应当有适合它的独特空间。"［斯卡利（Scully），1960］

我在旅途中见到的那些小型乡村建筑往往都不是建筑师所设计，但都运用了自己的建筑语言密切联系了乡村景观和农业，体现了很强的功能性。它们包括：爱荷华州北部的一座带有谷仓的美丽的石屋（图4.2）；加利福尼亚州纳帕溪谷（Napa Valley）的一座组织严谨并充满细节的葡萄园农场（图4.3）；田纳西州纳什维尔（Nashville）一个精心建造的木结构马厩（图4.4）。

图4.2 爱荷华州北部的石屋和谷仓由现成的材料建造，来自欧洲的移民懂得如何使用这些材料；这是农民使用艺术和技能参与农庄设计与建造的典型案例

图4.3 历史悠久的加州纳帕溪谷葡萄园由木屋、谷仓和水塔精心组织构建，用作居住、牲畜饲养、葡萄酿酒工业种植和收获

图4.4 田纳西州纳什维尔的一个大型木结构马厩，反映了马匹在历史悠久的农庄中的重要地位；这个马厩建筑工艺和装饰细节独特，组织了多种功能场地，包括干草装载、管理马匹的入口，以及巨型圆顶通风口

仓储功能，包括牲畜的饲料以及待售农作物的储存，一直是农民关注的重点。玉米是最容易存放的谷物之一，用于储存玉米的建筑物也呈现自殖民时期以来美国农庄建筑的显著特征。只需建造一个简单实用的房屋，即可储藏和保存玉米，待经济困难或价格较高时可以到市场售卖，比如爱荷华州北部用黏土砖建造的椭圆形玉米仓库（图4.5）就是其中之一。如今这种带有波形镀锌钢板的圆形仓库建筑，已成为一种主要的农场建筑类型，并且在乡村景观中随处可见。一系列相似的谷仓被建造，用于干燥和储存谷物。

当我沿着乡村公路旅行时，时常会看到新型农业生产设施与当地景观融为一体。一个显著的案例是位于明尼苏达州西北部10号公路的文斯曼

66

67

图4.5 自19世纪末起，爱荷华州北部以及中西部农场随处可见的典型玉米仓库；这种仓库由黏土砖建造，并设有一个免下车卸载的车道

建筑与农业：乡村设计导则

种子公司（Wensman Seed Company）的生产设施，该设施目前由阿格·瑞莱基因公司（Ag Reliant Genetics）所有。它采用现代化的工业设计，外观全部为白色，有着不同的功能与形式，与夏季绿色或冬季白雪景观相协调。即使没有建筑师的参与，这些设施似乎先天具备组织性和美学性，能够形成一个整体，融入乡村景观。管理者与设计/建造承包商一起，亲自与种子制造系统供应商和机电承包商沟通并参与设计和施工。他们描述了设计构思的初衷："白色是一个纯洁干净的颜色，我们试图用非常专业的视角来构建我们具有哲学内涵的价值观。"这个现代化的农业建筑矗立在明尼苏达州西北开阔的草原上，你会感觉它像家一样亲切（图4.6）。

近年来，全球酿酒工业的发展显著体现了建筑与农业之间的密切联系，建造这些工业建筑的目的是向市场推广其产品。这些建筑业主以强烈的商业意图展示当地乡村景观、建造游客中心、促使游客品尝和购买葡萄酒并了解他们的酿酒艺术。其中一些酒庄邀请国际著名建筑师来设计游客设施，如弗兰克·盖里（Frank Gehry），扎哈·哈迪德（Zaha Hadid）和福斯特及合伙人事务所（Foster + Partners）等，但他们设计的建筑似乎只是大师建筑风格的简单呈现，而非一种能与本地独特农业景观或文化相协调的创新方式。

其中一些新建酒庄的游客中心由优秀的建筑师设计，它们造型美观，并与景观、气候和文化氛围有着密切联系。这些酒庄以及若干世界各地的其他农业建筑，是本次案例研究的主要内容，它们体现了建筑和农业的关系。

图 4.6 文斯曼种子公司位于明尼苏达州北部 10 号高速公路沿线，工厂由其所有者设计，全部采用设计/建造施工流程建设；这是一个在没有设计师参与的情况下，设施建造也能与草原景观相协调的典型案例

莎高布洛瑟酒庄，美国俄勒冈州代顿

建筑师：布拉德·克罗普菲尔（Brad Cloepfil）联合工作室

布拉德·克罗普菲尔于 1994 年建立了跨学科建筑设计实践的联合工作室，其办事处设在纽约市和俄勒冈州的波特兰。他们的工作被阐释为"对景观、人类经验、工艺以及对公共领域保护和提升的高度关注"。莎高布洛瑟酒庄（Sokol Blosser）的建造基于该地区传统的农业建筑（图 4.7 和图 4.8）；以下是建筑师关于酒庄建筑和场地如何与乡村环境协调的说明：

邓迪山（The Dundee Hills）随处可见连绵起伏的草原、橡树和花旗松。酒庄坐落在一个小圆丘上，你可以从那儿看到下面的威拉梅特谷（WillametteVally）的全景。这种景色在顺应地形的几何形葡萄藤蔓的映衬下更为壮观，富于节奏和韵律。

设计初始注重土地的规划，在山坡上划分了一系列的花园、梯田和小径。建筑物在上面的梯田里拔地而起，屋顶覆盖着翠绿的景观。这一将近 6000 平方英尺的新建品酒室像坚实的木材一样呈现在眼前，

69

图 4.7 俄勒冈州的莎高布洛瑟酒庄游客中心的主要入口；木材被以各种方法使用来限定空间和功能

图 4.8 莎高布洛瑟酒庄
面向河谷风光的栅栏露台;
大量采用了木质面板和栅
条,便于采光和欣赏美景

它被从中切分,便于采光、欣赏美景和举办高端的品酒仪式。它是一个"透明固体"——当有人从中穿过时,它会捕获空间的气氛。有时你会感到建筑的位移或扭曲,这是因为它缩短了视野,扭曲了进深,所有这些都加强了访客体验的特异性。

建造的基本形式与材料的灵感来自俄勒冈最早的农业建筑。它们的建造材料主要是铁杉、冷杉和雪松,经济实惠并与本土有着紧密联系。建筑室内的地板、墙壁和顶棚都覆盖着粗凿的雪松,外部是条状的随意铺设的雪松面板。容纳游客的建筑坐落在半山坡,表面的棱面形成一个完整的整体,与背景的景观相呼应。

这个项目的意义在于为俄勒冈最早的酒庄创建了一个游客的入口,这块 120 英亩(约 48.6 公顷)的土地由莎高布洛瑟家族开发,并且自 1978 年以来,他们一直在这里进行葡萄种植。新的建筑不但提供了品尝美酒的空间,从这里还可以远眺岩希尔(Yamhill)的乡村美景。

未来，太阳能电池板能够为零能耗的新型建筑提供 100% 的电能，这座现代建筑的设计和选址把功能性和美学结合在一起，成为了农村庄园的典型建筑景观。莎高布洛瑟酒庄目前由担任联合总裁的艾莉森·莎高·布洛瑟（Alison Sokol Blosser）和亚历克斯·莎高·布洛瑟（Alex Sokol Blosser）姐弟负责管理。这是一个参观圣地，人们喜爱在这里欣赏建筑，品尝俄勒冈的葡萄美酒，并俯瞰美丽的葡萄园（图 4.9 ~ 图 4.11）。

71

图 4.9 莎高布洛瑟酒庄的休闲露台整体为木质结构；这里是坐下来品尝美味葡萄酒、享受乡村景观的最佳位置之一

图 4.10　从莎高布洛瑟酒庄的室内看到的树木，这加强了建筑室内与户外葡萄园景观的联系

图 4.11　莎高布洛瑟酒庄位于访客中心两个部分之间的开放空间，鲜明的颜色对比突出了综合建筑的入口

第 4 章　建筑与农业案例研究

深水羊毛场，澳大利亚沃加沃加

建筑师：彼得·施图赫伯里（Peter Stutchbury）

　　这座美丽的农业建筑位于澳大利亚新南威尔士州的乡村，是由彼得·施图赫伯里（他最近获得了澳大利亚建筑师协会金奖）为牧羊场主迈克尔·达林（Michael Darling）和农场经理安德鲁·金（Andrew King）设计的。这座美丽的建筑物与当地环境、文化和气候以及功能相得益彰，充分反映了 21 世纪农业建筑的一种新型建筑理念（图 4.12 和图 4.13）。建筑师对项目的描述如下：

　　　　位于新南威尔士州沃加沃加西北 50 公里的奔牛物业（Bulls Run property）是一个全新思路的羊毛场设计的项目。该方案开创了剪羊毛机的最佳工作环境，同时满足羊毛制备和羊只处理的最高质量标准；整体考虑了羊毛场的定位和选址，以使各方面获益。设计的一个

图 4.12　澳大利亚新南威尔士州的深水羊毛场，坐落于澳大利亚牧羊区连绵起伏的草场和大片的树木之间

　　　　　　　　　　　　　　　　　　　建筑与农业：乡村设计导则

图4.13　深水羊毛场的立面，展现了用简单材质塑造空间的方式，以达到文化、功能、气候和场地的相得益彰

主要目标是应对温度变化，尤其是极端的高温。

屋顶的悬臂结构增加了建筑物墙壁的遮蔽，便于羊群栖息。屋顶是自架式的结构，从而简化了门架系统。屋顶的带状狭长天窗可提供所需的自然采光。网状的喷淋系统向屋顶喷水，使得夏季不至于闷热。在西南侧，大型悬挂式屏风可以用于防风。此外，水雾和微风可以透过屏风冷却棚内温度。羊群、羊毛机以及工人都能躲离高温。

整个结构以螺钉把衬砌、骨架外墙和地板固定在一起，这样便于整个棚屋的拆卸，避免将来因搬迁或者回收而产生垃圾。这个项目对工作环境质量的关注是史无前例的，它的建造理念、材料和技术的使用，为澳大利亚样板建筑设定了新的质量标准。

在羊棚里饲养羊群是件困难重重的事情。房屋后部的庭院设计解决了圈栏、大门、羊群的定向流动和员工需求的问题。在羊棚的设计上，友好的大型计数围栏减少了对羊群饲养者轮岗值班的需求。长距离的通道可以减少事故的发生，并允许绵羊轻松地进入计数围栏。此外，需要保证羊群在羊棚内外和周围的最低限度的活动，并采用防眩光装置来减少对羊群的危害。

深水羊毛场空间布局的决定因素是精确的羊群移动流线设计，以及最方便的剪板①和羊毛处理区。如果这些问题被忽视，羊棚设计的成功性就会大打折扣。其他设计要点包括：提供更贴心的羊毛工人休息区，将噪声（机械羊棚）、化学品（独立建筑）和灰尘隔离开。它的空间设计易于人类和动物的活动，采用了合适的结构以保证经久耐用。

从建筑学角度来看，深水羊毛场是世界各地羊毛企业的一个典型代表，在这个案例中，它反映了气候、文化和景观的独特性，并且找到了一种经济的、可持续的、具有表现力的建筑形式。该项目展示了一种开创性的协作方式，富于创造力的建筑师与农场管理者密切合

75

图4.14 深水羊毛场经过精心组织的室内空间，空间布局和日照同时考虑到了人与动物的健康和安全

---

① 剪板（shearing board），剪床棚的地板部分。——译者注

　　　　　　　　　　　　　　　　建筑与农业：乡村设计导则

图 4.15 深水羊毛场屋顶的悬臂结构，可防止过度照射，又便于窗户采光，百叶窗可以不用电力进行通风控制

作，运用创新而又经济的方式实现他们的需求。这是 21 世纪当代农业建筑的一个非常优秀的案例，使用材料和技术来解决功能和气候问题，同时以独特而优美的方式展现场地（图 4.14 和图 4.15）。

76

达拉克 / 加尔塔农舍，挪威西部伦纳斯岛

建筑师：克努特·耶尔特（Knut Hjeltnes）

这个农舍的前身是绵羊农场里的一个猪舍，位于挪威西部斯塔万格（Stavanger）郊外的伦纳斯岛（Rennesoy Island）上（图 4.16）。它将当代建筑融入传统乡村环境，这是一处有趣而又美丽的混合景观。对建筑师克努特·耶尔特来说，为其客户设计乡村建筑是一个独特的挑战。客户图里·达拉克（Turi Dalaker）是当地一名医生和政客，她的丈夫汤姆·加尔塔（Tom Galta）是一名摄影师。耶尔特这样描述了房屋及其设计：

图4.16 达拉克/加尔塔农舍，位于挪威西海岸伦纳斯岛；前景为新近建造的房屋，背景为历史的谷仓和房屋；这幅图像展现了在挪威乡村地区用石墙分隔田野的崎岖景观

　　达拉克/加尔塔农舍（Dalaker/Galta Farm House）是其所处农业景观的一部分，它是我的客户从她父母那里接管的。对于农业周边环境和房屋自身设计这两个方面来说，新建房屋的建筑关系是双重的。新建的房屋在已有的农场建筑中显得格外突出，因为旧建筑本身就是一个完整的实体（挪威语为"et tun"），所以很难将一座新建筑置入这个"完美"的整体中。场地的选择无需大费周章——它是一处优美的场所，靠近旧农场，已有建筑基础（旧猪圈）——尤其因为新房子默认是全新的尺度。

　　另一个优势因素是，在两座房屋之间留有100码的空地，不仅能留给父母继续居住，旧房子将来也能用作出租。影响设计的第三个因素是场地本身的美丽景致，包括现有的旧石墙、大型枫树和苔藓覆盖的石头，将原来的猪圈作为建造的一部分，会更加经济可行。最后一个也是最重要的因素，是让新建筑远离旧的农场，这是对房屋设计的一种解放——我们可以更自由地设计新房子。由于预算较低，我们选择了一种预制的、价格便宜、寿命较长且维护免费的纤维钢筋混凝土板作为覆层，并与岛上那些自由散布的小型工业建筑相协调（图4.17～图4.19）。

　　房屋本身的建设风格充分尊重了传统乡村住宅中的农场生活。旧猪圈的基底（底层）专用于储存和清洗衣物。这是"污浊"的日常入口，在那里，可以在田地与旧农场的羊棚之间来回穿梭。上层是房子

77

图 4.17　建立在猪圈基础
上的达拉克 / 加尔塔农舍，
带有一个牧羊场

图 4.18　达拉克 / 加尔塔
农舍和毗邻的岩石景观，
激发了它建造形式的灵感

图 4.19 达拉克 /
加尔塔农舍的角落
细节，展示了建筑
与挪威乡村崎岖景
观的相互交融

的"洁净和城镇"的部分。厨房与客厅的规模差不多，但没有与传统
农舍类似的正式餐厅。大部分日常生活都在厨房中进行。

新建筑落成后，又建造了一个带有两间卧室和一个公共客厅的厢
房，供孩子们使用；新增加建筑的底部设有停车场；未来的新建建筑
将转变为汤姆·加尔塔（Tom Galta）的摄影工作室。

78

作为一个秉承强烈的挪威传统文化精神的建筑师，我曾多次来到挪
威，因而感受到了耶尔特（Hjeltness）在设计中所传达的微妙情感，也
感受到了历史悠久的农场和现代建筑之间的联系。无论是在挪威还是世
界各地，乡村时刻都在飞速发展。挪威政府为保护乡村特色和促进乡
村经济的可持续发展，通过规划建设旅游线路将美丽的旅游中心融入
壮美的乡村自然景观中，以促进旅游业发展。其中一个游客中心是由

图 4.20　挪威冰川博物馆由伟大的已故挪威建筑师斯维勒·费恩（Sverre Fehn）设计；除此之外，挪威政府还建造了很多乡村游客中心和其他设施来促进乡村旅游

伟大的已故挪威建筑师斯维勒·费恩（Sverre Fehn）设计的冰川博物馆（图 4.20）。

　　挪威的大部分经济活动都在城市，那里同时也是大部分建筑师工作的场所。但克努特·耶尔特表示，由于农村经济的增长，20 世纪 60 年代出现了一些非常好的农业项目，但自那之后就不多了。耶尔特是最近为数不多的参与设计当代挪威农业项目的建筑师之一。

梅森·莱恩农场运营中心，美国肯塔基歌珊地

建筑师：德利昂与普利默（De Leon & Primmer）建筑工作室

　　位于美国肯塔基州乡村的梅森·莱恩（Mason Lane）农场运营中心由两个相邻的谷仓组成——谷仓 A 用于储藏和日常工作，谷仓 B 用于储存干草和设备，还有一个加油和储存站，用于服务 2000 英亩（约 809 公顷）土地，涵盖了农业、休闲、野生生物栖息和保护的功能。该农场由埃莉诺·宾厄姆·米勒（Eleanor Bingham Miller）拥有，建筑师与她密切合作，采取了一种特别的预制木结构的建造方式（图 4.21 和图 4.22）。建筑师这样描述他们的设计方法和项目：

图 4.21 肯塔基乡村的梅森·莱恩农场，左边的谷仓 A 是一个常见的预制轻木框架结构的建筑，屋顶和墙壁覆有全年使用的波纹金属板；谷仓 B 是一个开放式的波纹金属板玉米谷仓建筑，用于储备干草和设备

图 4.22 梅森·莱恩农场谷仓 A 的室内，采用预制木质屋架

81

基于区域农场结构和当地建筑传统的简单性，该项目采用了有效的"低科技"可持续性策略，这有利于专业化系统的传统建造方法和普通材料的采用。尤其要指出的是，该项目采用了现场施工和建筑设计之间交叉协作的策略，侧重于以单一集成系统进行工作的整体方法。出于经济和便于维护的考虑，农场综合建筑往往采用简单而顺从的策略，这些策略基于的是对区域气候和景观差别的认识。该项目已获得领先能源与环境设计[①]（LEED）的银级认证。

项目位置取决于场地已有的几个优势：（1）位于整个农场建筑的中心位置；（2）靠近现有公用设施线路和道路基础设施；（3）毗邻防风林；（4）穿过自然地形的高速公路和植被形成的景观背景；（5）已清理好的碎石区域，以前用于农场垃圾储存；（6）距离农场经理室仅仅800英尺。各种规划要素被整合到两个大型谷仓建筑物和一个粮仓中（为了最大限度地减少建筑物占地面积），该项目的大部分场地用于使用和存放大型农用设备。其余的空旷土地现已恢复种植本土植物。

由于设施用水量较小，场地景观多为无需灌溉的本地适应性植物，因此当地的雨水使用策略着重于恢复径流以补充当地含水层。多孔的碎石表面利用现有地形结构，将雨水引到两座种植有原生植被并能为野生物提供额外栖息地的"雨水花园"中。过量的径流在这些沟内汇集，并渗透到地下水床。为了最大限度地减少维护，用"场地沟槽"来代替建筑屋顶的沟槽，这是一个可移动的、覆盖有浅层混凝土的洼地通道系统，位于每个屋檐下方并与之对齐，它能将雨水引导至收集沟。场地和建筑物以这种方式作为大型综合排水系统进行工作。除了谷仓建筑外，整个场地都具有能渗透功能。此外，碎石表面和建筑屋顶两者的高太阳光反射率（SRI）都抵消了太阳热量，避免了"热岛效应"。

场地中的两个建筑物（谷仓A和谷仓B），在空旷场地围合形成了一个户外的工作庭院，便于从北向南监控农场设备。这种配置将户外照明设备整合到内部场地，并避开农场综合建筑的边缘。由于农场也是当地大学生的天文观测站，乡村"昏暗天空"的状态需要得到保护，通过对项目场地内照明水平的控制和设计，以及消除项目边界外

82

---

① 领先能源与环境设计是美国绿建筑协会在2000年设立的一项绿建筑评分认证系统，用以评估建筑绩效是否能符合永续性。——译者注

光照强度的方式来实现。

谷仓A具有完全封闭的存储和工作区域，采用了传统的预制木桁架框架结构和波纹金属板覆面。设计策略是减量化，旨在淘汰饰面材料。它强调建造的层次感，那些通常被隐藏起来的建筑构件（例如建筑基板、紧固螺钉和基准线）合并成为一种建筑特色，用于重新诠释"饰面"材料的内涵。在谷仓内部有两个特定工作条件的区域，这里的绝缘混凝土楼板上嵌有由外部木柴锅炉加热的热水盘管（燃料为农场生产的木屑）。在冬季，舒适的工作区可以依靠加热混凝土板周围的热量维持恒定温度——即使车库门完全开着。透过可开闭式的落地长窗，可以为所有室内空间提供自然光线、通风和风景，这些窗户与整个室内风扇协同工作，将新鲜空气带入建筑内部。在夏季的几个月，由于当地湿度很大，可按需要运行无氟制冷剂交流机组，以改善农场经理办公室的室内条件。

谷仓B是一个用来存放干草和设备的大棚，外面覆盖着由当地竹子编制的格栅，这些竹子种植地距该项目场地仅35英里。竹子被认为是一种快速蔓延的"杂草"，同时也是堆放在谷仓两端的方形干草的捆料，它的透气性表皮使干草在自然通风中干燥。此外，竹皮为农场移动设备提供了重要的结构弹性。由于竹子是一种大范围生长的"草"，它在生长过程中会出现竹节，这种植物材料可以承受农业设备的偶尔颠簸——只产生局部的微小损伤，这些微小损伤会重新恢复到原来的形状，不会损害整个竹竿的完整性。竹竿通过用锥子手工拧紧的镀锌钢筋金属线的三层组装，被固定在一起。这种简单的组装工艺可以在竹子变干时调节建筑物的格栅表皮。线扎圈端部被暴露出来，并延伸作为近距离可见的次级墙壁肌理。由于谷仓B是一个隐蔽的露天结构，且易受上升风力的影响，屋顶檐面下的混凝土排水沟通过联锁装置与斜坡下的柱状混凝土地基相连接，以起到平衡作用。

对循环利用和源于当地/本地域来源材料的关注有利于建造系统和饰面的选择。建筑材料是由预制木桁架、经加压处理的木材框架、含有40%再生材料的高粉煤灰掺量隔热/排水混凝土板、混凝土支柱、含有49%再生材料的预加工金属波纹板（外墙和屋面）、当地的竹子、镀锌铁丝束、耐热玻璃（固定和活动的窗户）以及夹丝玻璃（图4.23~图4.25）。

尽管该项目主要采用被动式采暖/供冷，但在极端的气候条件

图 4.23　梅森·莱恩农场谷仓 B 的立面展示的竹帘

图 4.24　梅森·莱恩农场储存干草的谷仓 B 的内景

图 4.25　梅森·莱恩农场的谷仓 B，紧邻干草场

下，如潮湿的夏季，还采用了几种传统的机械方法。具体包括：用木柴锅炉（源自农业废木材的当地可再生能源）和丙烷燃料加热的热水盘管、全屋通风风机、变频空调机系统控制单元（无氟制冷剂）、手动控制的红外传感器荧光灯和定时器，以及与邻近腐败性场所相结合的低流动性厕所和低容积水装置。

抛开梅森·莱恩农场运营中心的设计与建筑美学不谈，它也是一个说明了城市建筑指导方针和建筑规范完全不适用于农业建筑的案例，比如领先能源与环境设计（LEED）（这是如今最常用的一种方法，主要从四个方面评判建筑设计的可持续性），建筑师们是这样描述它的：

　　毫无疑问，农业设施作为一个项目类型并不能简单适用于领先能源与环境设计（LEED）的性能标准——也没有先例作为基准案例。在基本农田上建造新结构的建筑，其规划必要性是为促进农业生产，这与能源与环境设计网站上的设计导则背道而驰。具体的功能需求，在应用设计标准时，给维持"昏暗天空"状态提出了新的挑战，如为乡村环境中农场运行设备提供足够的区域安全照明等。因此，解读农业背景下对领先能源与环境设计（LEED）标准，需要反思区域本土环境——这为传统建筑材料和系统的实施，以及在新应用中使用本地可行的非常规的材料提供了新机遇。

——引自《领先能源与环境设计 LEED》，第四章，2016

研究开发新的可持续发展性能指标十分重要，这样建筑师、工程师和业主就可以使用它来衡量他们的建筑设计方案——无论是城市还是乡村建筑——以及判断它们成为净零碳排放设施的可能。领先能源与环境设计（LEED）的铂金级（最高级别）以下的标准在衡量可持续性能方面都是不达标的，而领先能源与环境设计（LEED）标准在农村地区也变得失灵。这就是为什么我们要将可持续性作为联系城乡的社会文化的重要议题，予以系统、全面的考虑。

四季屋，中国西北石家村
建筑师：林君翰（John Lin）

林君翰（John Lin）是一名建筑设计师，同时是香港大学建筑系的助理教授。为中国执业建筑师中的佼佼者，他获得了陆谦受慈善基金的资助，以及陕西省妇女联合会和香港大学的大力支持。他在本土传统农村房屋的基础上，为中国乡村设计了一个当代乡村住宅的样板。结合中国其他地区的建造理念，以及传统和创新的技术，如整合夯土、沼气、雨水储存和芦苇清洁系统等，他将可持续性理念贯穿于家庭院落的设计，而那里正是大部分乡村生活开展的场所。

关于农村地区的发展，他提到，在考虑建造新房时，乡村建设者们往往抛弃传统风格，而更倾向于那些标准化房屋类型，而这些建筑毫无当地文化或景观特色。他说这是中国农村经济远离自给自足的必然结果，越来越多的农村人口涌入城市中心。新建房屋时，建筑商都从外地引入劳动力和建筑材料，几乎很少有当地居民参与。他这样描述他的工作和项目内容：

过去 30 多年来，农村人口的大量迁移不仅促使中国城市发展壮大，而且对这些乡村迁移者的故乡也产生了同样深刻的影响。农村的经济社会和物质发生了翻天覆地的变化，未来的 30 年内，这些变化会加速城镇化的进程，涉及剩余 7 亿农村人口中的一半人口。同样，这些变化也会带来中国本土建筑的转型：从具有区域特色的建筑，大量转变为千篇一律的混凝土、砌块和瓷砖饰面的建筑。建筑师在这种

86

社会和建造环境发生巨变的情境下，几乎是完全缺席的。事实上，与专业最相关的一个问题是：在建筑学不被重视的前提下，建筑师能做什么？

在历史上，中国农村土地主要分为用于耕种的私有土地和其他集体土地。宅基地通常是从祖屋附近的有限公共土地中分离出来的。刚结婚的男性继承人有权获得自己的土地和房屋，他们不断建造新的房屋，使得村庄经常无序蔓延。石家村位于中国北部，在陕西省西安市的附近。我们从那里的本土乡村建筑得到启发，尝试提出一个当代房屋的样板。结合中国其他地区的本土观念，以及传统和创新技术，我们设计出了一个带有院落的当代中国砖土建筑的样板（图4.26和图4.27）。目前，乡村的发展越来越倾向于接受新事物，抛弃传统做法。石家村的建筑试图在这两个极端之间找到平衡，保护当地材料和智慧的建造技术。然而，该项目并不是一个简单的传统庭院住宅，它是在对现代本土村庄调查基础上得到的结果，代表了中国乡土建筑的一种主动的尝试。

图4.26　中国乡村石家村，带有院落和蓝色屋顶的房屋

　建筑与农业：乡村设计导则

图 4.27　四季屋，基于中国传统农村住宅的当代房屋样板

中国建筑呈现两大趋势：一个是夸张城市的建筑，以众象纷呈的方式，旨在为当代中国获取国际认同；另一个则是没有建筑师参与的大量建造，崇尚通用精神，以最高的效率尽可能快地建设。随着中国制造为世界所熟知，大规模的通用生产保证了基本效率的实现，在这个过程中我们必须意识到，自我表达是十分重要的。在今天的中国，建造就是城市形态与乡村背景碰撞的结果。因此建筑师必须在个性化和集体目标之间找到平衡，在缺失建筑学的地方寻找一种设计方式，使杂乱无章走向井然有序，使千篇一律变为丰富多样。

石家村地区所有的传统住宅都由泥土和砖石建造，约长 30 米宽 10 米。四季屋的设计也采用了这种结构，并秉承院落是房屋的重要组成部分这一理念。四季屋包括了贯穿整座房屋的四个不同庭院，用以整合厨房、卫生间、客厅和卧室等主要的功能性房间。本着自给自足的建筑目标，房子的多功能屋顶可以供人类活动并在雨季收集雨水（图 4.28 ~ 图 4.30）。

四季屋是中国农村可持续发展的建筑样板，同时也是当地妇女聚会做手工的场所，这个场所增进了村落个人与集体的认同感。四季屋的建成，为村落带来了以传统的秸秆编制为基础的新的产业，促使当地经济发展进入一个新的阶段。时间会给我们答案，这个项目是一个非常有价值的中国乡村住宅发展演化的探索（图 4.31）。

图 4.28　俯瞰四季屋建筑样板，上面的庭院可以举办大部分家庭聚会

图 4.29　四季屋的
一号庭院

图 4.30　四季屋的
二号庭院

　　　　　　　　建筑与农业：乡村设计导则

图 4.31 四季屋的三个建设阶段：混凝土院落式结构（上）、砌块砖填充的屏蔽墙（中）和带有格栅的砖砌外墙（下）

瓦拉多酒庄，葡萄牙杜罗河谷

建筑师：弗朗西斯科·比埃拉·德孔波斯（Francisco Vieira de Campos）

2014 年，我和妻子碰巧参观了瓦拉多酒庄（Quinta do Vallado），当时我们就被它简约而美妙的现代化设计所震撼。该项目坐落在陡峭的梯田景观之中，位于葡萄牙杜罗河谷（Douro Valley）的葡萄酒生产基地（图 4.32 和图 4.33）。建筑利用薄石板作为地板、墙壁和屋顶的外部饰面，简洁大方，与周围的环境融为一体。维多利亚·金（Victoria King）在 2012 年提到了该项目，极大赞赏了建筑师在材料和形式上精确又简单的设计。设计理念是将葡萄酒的生产与杜罗河谷美丽的葡萄梯田景观融合在一起。她说："对游客的吸引力永远是设计的一部分内容。"的确，我可以作证，这个建筑群非常具有魅力。由于需要考虑和现有建筑的协调关系，设计还面临更大困难。

杜罗河谷两岸有许多葡萄园和葡萄酒厂，这里风景宜人，是一个相当不错的旅游目的地，河谷还设有游轮观赏的线路。因此，坐车经过这片河谷时，许多有趣的酒厂逐一呈现，非常值得停下来仔细地参观游览。在这个独一无二的农业景观中，葡萄牙远近闻名的葡萄酒和港口风光也是不容错过的游览内容。

图 4.32　葡萄牙杜罗河谷沿岸的瓦拉多酒庄（Quinta do Vallado），种植葡萄的梯田和建造的游客中心

图 4.33　瓦拉多酒庄的入口露台，裸露的部分是大理石砌面，后面是绵延的山脉和杜罗河

瓦拉多酒庄于 2012 年完工，毫无疑问，它是杜罗河谷最好的当代建筑之一。与其他国际著名建筑师设计的游客中心相比，这个建筑对场地的选择更具敏感性。这个项目是可持续建筑的一个绝佳案例，它融入了杜罗河谷和葡萄牙文化，其建筑形式适应当地独特的景观和气候，并迎合了功能、审美以及市场的需求（图 4.34～图 4.37）。

图 4.34 瓦拉多酒庄游客中心入口

图 4.35　游客中心室内，左边陈设的是葡萄酒瓶，右边是品酒用的简易木凳与桌子，后面的楼梯直通古老的酒窖和楼上的
生产车间

图 4.36　瓦拉多酒庄生产车间的内景

图 4.37　瓦拉多酒庄的古老酒窖

93　　　玉川酒庄度假村，中国乡村

建筑师：马清运

　　马清运是出生于中国西安的建筑师，现任南加利福尼亚大学建筑学院院长。他同时也是马达思班（MADA）的设计负责人，马达思班（MADA）是他创办的一家专门从事可持续设计的建筑公司，这些设计既具有全球视野，又根植于中国当代建筑的实用性。该公司力图将文化、教育、时尚、展览和视觉的策略融入其项目中。因此，他在俄罗斯、越南和法国戛纳等地获得了许多荣誉并进行了设计展览。作为一个土生土长的玉川人，他于2000年创立了玉川酒庄度假村（图4.38），目的在于，不但要让玉川成为"蓝田人"和"蓝田玉"之乡，同时也要成为蓝田酒之乡。他从以下三个方面介绍了酒庄：

　　玉山石柴（The Well House）也被称为"父亲的宅"（The Father's House），是专为我父亲而设计的。该建筑始于1993年，历经11个年头最终完工。位于秦岭、灞河和白鹿原高原的交汇处。这里风景独

图 4.38 玉川酒庄度假村以及酒厂，背景是中国乡村绵延的群山

特，格外宁静。房屋将现代建筑的舒适感与当地历史遗产相结合，成
为静谧的隐居之地。建筑材料是当地河水从山体上日积月累冲刷下来
的卵石。由于水和卵石的相互作用，石头的大小、色泽和冲刷的程度
均因流动的水的塑造而不同。玉山石柴建筑形成了粗糙的有机建筑材
料与规则的建筑形式之间的碰撞。这种风格赋予了它短暂的生命，包
含了显著的现代形式主义特质。

建造玉山石柴的灵感来自传统的关中民间建筑，但是更多的是建
筑周边的本土环境激发了新的生活方式。进入建筑的内部，眼前的开
阔空间会让你的心境瞬间平静下来，这种寂静仿佛触手可及，如同道
家的那种自然静谧。葡萄酒庄由一栋旧办公大楼改造为酒店，它的标
志性建筑是一个 8 米高的玻璃门，现已成为一个极佳的乡村旅游目的
地（图 4.39~图 4.41）。

图 4.39 玉川酒庄度假村和酒厂，以及建筑师为父亲建造的玉山石柴

图4.40 玉川酒庄度假村，
玉山石柴的入口

图 4.41 毗邻酒厂的玉川
酒庄度假村

95　　　　　玉川酒庄度假村与四季屋是中国乡村地区两个典型的建筑项目。两位
杰出的建筑设计师突破常规，在基于中国农村传统生活方式的基础上，进
行了当代建筑理念的实践探索。

纤维屋面牛奶厂，美国明尼苏达州

建筑师：乡村设计中心（CRD）

　　这是一个未来商业牲畜用房设施的案例，是一个可容纳 2500 头奶牛的牛奶厂，它实现了可持续性和净零能源消耗，由明尼苏达大学乡村设计中心（CRD）与农业工程系协同研发建造。该设计在一系列连通的牲畜空

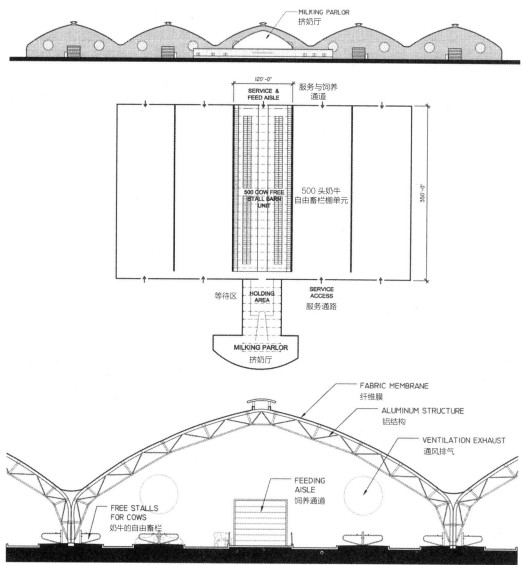

ELEVATION, FLOOR PLAN & SECTION OF 2500 COW DAIRY BARN VTILIZING FABRIC STRUCTURE
可容纳 2500 头奶牛的牛奶厂的立面图、平面图与剖面图，建筑采用纤维膜结构

图 4.42　饲养 2500 头奶牛的牛奶厂，采用膜结构的屋面，由铝合金桁架支撑，用于新的乳业建筑综合体，它遵循了由乡村设计中心（CRD）制定、针对明尼苏达州奶农的环境质量保护计划的准则；它的建设表明了在畜牧建筑中采用适用的新结构和可持续技术的可能性

间中使用纤维薄膜作为屋顶和墙壁材料。它可以与一个单独的旋转挤奶厅一起工作，每天运行 24 小时，为 50 头奶牛挤奶。通过厌氧消化器对粪便进行处理，产生的甲烷气体可以用来提供畜棚通风、照明和挤奶操作所需的电力，同时消除恶臭。多余的电力可以出售给电网公司。固体废物在粪便处理过程中被分离，作为给牲畜使用的垫草，从而循环使用。液体废物可作为肥料浇灌到农田里（为了减少恶臭）。尽管农业建筑物目前未采用这一建筑规范，但设计方案仍遵循"国际建筑规范"中关于工人的安全和健康的要求（图 4.42）。

纤维膜结构是一种已有的建筑技术，广泛使用于世界各地的各种建筑类型，包括机场和会议中心。对于动物设施而言，它具有一些当代乳业农场建筑缺乏的优点，那就是它使用岩石纤维和再生铝作为结构材料，所以价格相对廉价，并且环保。这种结构可随时调整，以达到新乳制品技术和规范的要求，它也可以与各种挤奶技术包括机器人配合使用；当设施达到使用寿命时，这种结构也可以被拆卸和回收。

该设计方案印证了前文关于乡村设计中心（CRD）所提到的，全新的奶牛场设施是如何改善乳业农场环境实践工作的。该研究由明尼苏达州议会资助，与明尼苏达乳制品行业相关，研究成果如下：（1）建立了要素因子清单，包括景观要素、资源的环境，包括人为因素对乳品产业的影响；（2）对要素因子清单中的重要性进行了评估；（3）分析了通过规划设计过程来涵盖和整合这些要素的方法。该研究将奶牛场的四个最主要模型因子——地表水、地下水、栖息地和社区关系联合起来，为已有的和新建的奶牛场创建了环境质量保证计划的第五个模型。

纤维膜乳业建筑的方案很好地遵循了该计划的指导方针，塑造了与建筑相适应的景观，并且公众可以在户外看到的地方散养不产乳的牛群，这个项目成为了乳品产业设施的一个典范。由于通过厌氧消化器进行了除臭处理，它可以像为城市中心提供食物的温室和蔬菜农场那样，自然地融入城市郊区的景观中。

粪便消化器系统（根据化石燃料的成本而有所差异）还有一些其他积极的影响，包括减少释放到环境中的甲烷气体，为农民提供可以使用或销售的肥料，减少化粪池的需求和水源污染等。粪便消化器的安装和维护费用很高，但如果化石燃料价格足够高，或者可以将多余的电能出售给公用事业公司，该系统将能够自行收回成本。某家粪便消化器的制造公司声称，一个饲养 1000 头奶牛的典型农场可以生产供给约 250 户家庭使用的电力。

圣保罗农贸市场，美国明尼苏达州

建筑师：索贝克建筑事务所（Thorbeck Architects）

建于 1853 年的圣保罗农贸市场（St. Paul Farmers' Market）位于明尼苏达州圣保罗市中心，它既是一个室内公共农贸市场，也是一个能用于公众聚会的重要公共建筑（图 4.43）。

后来随着城市人口的增加，对农产品分销的需求也同时增加，于是它被拆除，重新建造成为一个带有单坡屋顶的新市场，便于农民用运输车辆将农产品运入城市，然后用其他车辆来转运，分销往城市各地。1982 年，在历史悠久的劳尔镇（Lower Town）重新选址建造市场，依然沿用了单坡屋顶的形式，包括一系列的销售摊位，农民在这里直接向城市消费者出售农产品。圣保罗农贸市场的独一无二性体现在，它要求在此销售的农户必须来自周边 75 英里（约 120.7 千米）半径范围内。尽管还存在一些功能性问题，市场每年都能吸引超过 40 万的顾客，并为附近历史悠久的劳尔镇的新建住宅开发区提供食品。

圣保罗种植者协会打算在现有场地的附近，重新设计并建造一个全年开放的室内市场，设计将现有市场的 4 条通道旋转了 90°，为每一条通道

图 4.43　1853 年在明尼苏达州圣保罗建成的第一个公共市场，是重要的公共建筑，当地农民在这里向城市消费者销售农产品

99

都提供了一个销售平台（目前市场的通道有 5% 的坡度，并且缺乏适当的遮蔽物）。设计方案扩大了摊位数量，满足了制冷和洗手的健康要求，缩短了农民原本需要 7 到 10 年才能在市场中获得一个摊位的等待时间。目前，市场上有 30% 的农民是赫蒙族和越南人，其他的农民看起来很熟悉，因为他们已经在市场上做了多年销售。如果没有附近的移民农民长年种植并在此销售他们的产品，今天这个市场可能就不会存在。

　　设计理念认为，户外市场应当热闹拥挤、亲密友好，并充满喧嚣的市井氛围。（图 4.44 ～ 图 4.46）。室内市场在一楼提供 25 个不同规模的供应商摊位，在二楼设有行政办公室、教室、商业厨房和出租的空间（图 4.47）。

100

图 4.44　计划重新设计的圣保罗农贸市场的外观草图

图 4.45　带有雨棚的销售通道的草图，以及农民的卡车和销售摊位

图 4.46 圣保罗农贸市场的室内市场的外观草图，靠近户外市场

图 4.47 室内市场的内部草图，由圣保罗种植者协会成员负责全年的销售生产和食品加工

建筑与农业：乡村设计导则

20 世纪 60 年代以前，城市人到乡村旅游时，乡村景观中的动物随处可见。今天，农民们一直在建造标准化的封闭式建筑，因为这是最经济的牲畜养殖方式，这也导致户外动物的数量越来越少。这种封闭圈养方式给大众的印象就是很多动物都健康堪忧，因为它们一生的活动都限制在室内。然而，为动物提供良好的照料是农场的首要目标，因为健康和高产的牲畜才能为农民带来可观的收入。非农家庭与城镇退休人口到乡村定居，引发了农场和住宅开发之间的社会矛盾。

过去的 50 多年来，农业活动发生了根本性转变，公众开始了解现代农业是如何发展的，并增进了对农牧业环境管理法规的信任。环保法规是以动物单位①数量为依据的，并且规定随着单位数量的增加而越来越严格，但公众仍旧怀疑环境问题未得到妥善解决。公众对未来养殖业的担忧、对"工厂式"农业前景的不看好，以及恶臭问题等，在乡村地区引发了农业人口和非农人口的冲突。另外，这些规定是普适性的，并不能针对区域特点提供解决方案，也无法适用于不同地区的地理环境。

综合性能指标对于指导可持续商业牲畜建筑的设计和建造十分必要，明尼苏达大学可持续建筑研究中心研究制定了此类指标体系（图 4.48）。这些绩效指标将环境、人类健康以及可衡量的场地、建筑和终端指标联系起来。该指标体系成果包括了生产、能源、环境、经济、动物健康和工作场所环境卫生以及社会准则，可以使大型牲畜用房设施的建设达到商业和工业建筑设计和建造所需的相同水平。这些指标可以更有效地优化牲畜生产，减少化石燃料和动物饲料的能源消耗，降低保险成本，并维持建筑寿命。为了获得最大利益，该设施采用更环保的建筑构件，为工人提供更健康的工作条件，通过维护生物安全改善动物健康，并确保提升食品的健康和安全。

102　　在世界各地的乡村景观中，很少有著名的建筑师参与农场建筑的设计。本书收录的有我本人参与的农业建筑项目均已经建成，并且自始至终有着非常优秀的建筑师的参与，涵盖了规划、设计和建造的全过程。这些

---

① 动物单位（animal unit）的概念一直在北美历史上使用，以通过牲畜放牧来规划、分析和管理牧草的使用。其定义大多基于这样的概念：1000 磅（454 千克）的母牛，可包括一个未断奶的小牛，为一个动物单位（AU），假定这样的母牛每天消耗 26 磅（约 12 公斤）干饲料。——译者注

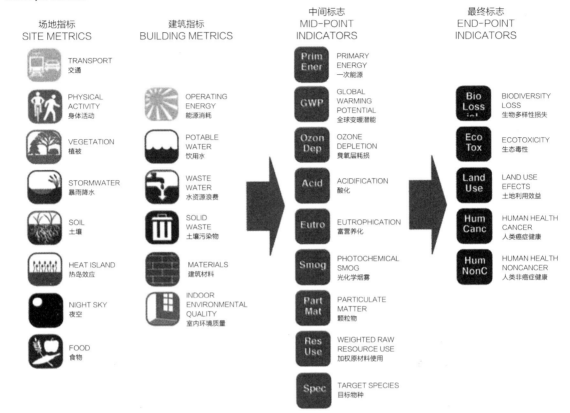

SUSTAINABILITY PERFORMANCE METRICS
ENVIRONMENT AND HUMAN HEALTH
Center for Sustainable Building Research
University of Minnesota

建筑可持续性能指标
环境与人类健康
可持续建筑研究中心，明尼苏达大学

场地指标
SITE METRICS

TRANSPORT
交通

PHYSICAL
ACTIVITY
身体活动

VEGETATION
植被

STORMWATER
暴雨降水

SOIL
土壤

HEAT ISLAND
热岛效应

NIGHT SKY
夜空

FOOD
食物

建筑指标
BUILDING METRICS

OPERATING
ENERGY
能源消耗

POTABLE
WATER
饮用水

WASTE
WATER
水资源浪费

SOLID
WASTE
土壤污染物

MATERIALS
建筑材料

INDOOR
ENVIRONMENTAL
QUALITY
室内环境质量

中间标志
MID-POINT
INDICATORS

Prim Ener PRIMARY ENERGY 一次能源

GWP GLOBAL WARMING POTENTIAL 全球变暖潜能

Ozon Dep OZONE DEPLETION 臭氧层耗损

Acid ACIDIFICATION 酸化

Eutro EUTROPHICATION 富营养化

Smog PHOTOCHEMICAL SMOG 光化学烟雾

Part Mat PARTICULATE MATTER 颗粒物

Res Use WEIGHTED RAW RESOURCE USE 加权原材料使用

Spec TARGET SPECIES 目标物种

最终标志
END-POINT
INDICATORS

Bio Loss BIODIVERSITY LOSS 生物多样性损失

Eco Tox ECOTOXICITY 生态毒性

Land Use LAND USE EFECTS 土地利用效益

Hum Canc HUMAN HEALTH CANCER 人类癌症健康

Hum NonC HUMAN HEALTH NONCANCER 人类非癌症健康

建筑都由深刻理解乡村并熟知乡村气候和场地的建筑师来设计。前述案例说明了有机会在乡村景观中设计建筑物是一件多么美好的事情。对未来乡村建筑来说，最重要的是，优秀的建筑师能认识到乡村景观和建筑物的价值，并采用可持续方式把农业设施与乡村气候、场地结合到一起，这种建筑理念是意义深远的。

采用预制建筑系统来建造农业建筑，并非一种错误方式，但如果在全球范围内的农业生产中毫无区别地使用，而不考虑建筑是否符合当地气候或场地，就会让乡村景观单调又乏味。由于预制建筑系统的建造没有气候和地区上的差别，所以可持续性也无法很好地体现。在乡村规划设计与建造商业及农业建筑的过程中，必须采用可持续的设计理念，才能够改善、提升他们的场地价值，并映射出乡村文化和本土自豪感。只有通过这样的设计，才能保障当地经济的可持续发展，乡村旅游的水平和乡村生活的质量不断提高。

图 4.48 明尼苏达大学可持续建筑研究中心绘制的图表，列举了与环境和人类健康相关的性能指标，以指导可持续建筑和社区的设计

103

第 5 章
工人与动物的安全与健康

在其他章节中，我描述了过去50年至60年美国农业发生的一些变化，这些变化导致了农民人数的减少和农场规模的扩大，因此对畜牧业提出了具体而特殊的要求，包括家禽饲养所、奶牛场、养猪场和马场所需要的专用建筑。由于这些建筑物巨大的尺度和外观，这些建筑物被称为"工厂农场"（尽管它们大多为个体家庭所有），而过去通常是小型而多样化的私人家庭农场，小规模饲养着马、牛、猪和家禽之类的牲畜。

出于这种考虑，美国城市附近出现了越来越多的小型"有机"农场，专门为餐馆和农贸市场提供食品和鲜花。在一些案例中，它们以社区支持型农业（CSA）农场的方式运作，为全年订购的消费者提供各种产品。尽管如此，这些大小农场都极少考虑工人和动物的安全健康。工人的安全问题必须得到重视，因为他们在饲养动物、使用设备或农业作业的过程中都存在潜在受伤风险。

畜牧业大型专业建筑通常会在农场集中建造，每座建筑物都有不同的用途——例如在奶牛场，一些建筑物用于挤奶（开放式牛栏或拴养牛栏），其他建筑物用于饲养母牛和停乳期的牛，还有一些用于饲养新生牛犊和断奶牛。乳制品综合建筑群的中心区域是中央饲料中心、肥料管理区、挤奶室和奶房，还有一个区域布置工人办公室/更衣室/厕所。饲养家禽和猪崽的农场同样也建有各种各样的建筑物，这些建筑物都在畜牧建筑系统中各自发挥重要作用。

美国中西部规划委员会是美国农业部的一个实体部门，它在广泛的畜牧建筑领域为农民提供典型的畜牧建筑选择方案。图 5.1 展示了一个长达 18 页的关于猪场建筑介绍手册的首页，这是一个 28 英尺（约 8.5 米）

乘以 80 英尺（约 24.3 米）规模的建筑，用于生猪饲养和出栏，是一个前开放式单坡建筑，可容纳约 240 头猪。该方案提供了详细的建筑物平面图、剖面图和节点详图（图 5.2）以及警示说明，告知购买者：

可能需要其他的专业服务，包括但不限于：确保符合规范和法规，审查材料和设备的规格，监督场地选择、开标和建设以及公用设施供应、废物管理、道路或其他通道。此外，不符合规定的建筑可能导致结构故障、财产损失和人身伤害，包括生命损失。

（美国中西部规划委员会服务手册）

这本手册从根本上解决了农民确定设施规模、布置场地、协调设计、施工、运行和管理等所有建造相关的问题。由于国际建筑规范不适用于农业建筑，农民可以根据需要建造他们认为最好的建筑。美国中西部规划委

美国中西部计划委员会 −72603

生猪饲养 − 出栏专用建筑

改进后的 28 英尺 ×80 英尺的前开放式单坡建筑，可容纳约 240 头猪。共包括三个方案：方案 A 是在狭板下建一个宽 10 英尺深 8 英尺的粪便坑。方案 B 是在狭板下方建一个 10 英尺宽的冲水沟。方案 C 是一个宽 5 英尺的开放式冲水沟。采用自然通风。

注意！

可能需要其他的专业服务，包括但不限于：确保符合规范和法规，审查材料和设备的规格，监督场地选择、开标和建设以及公用设施供应、废物管理、道路或其他通道。此外，不符合规定的建筑可能导致结构故障、财产损失和人身伤害，甚至死亡。

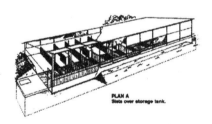

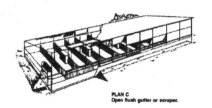

图 5.1 美国中西部规划委员会提供的用于建造生猪饲养建筑的草图与平面，这是手册的首页

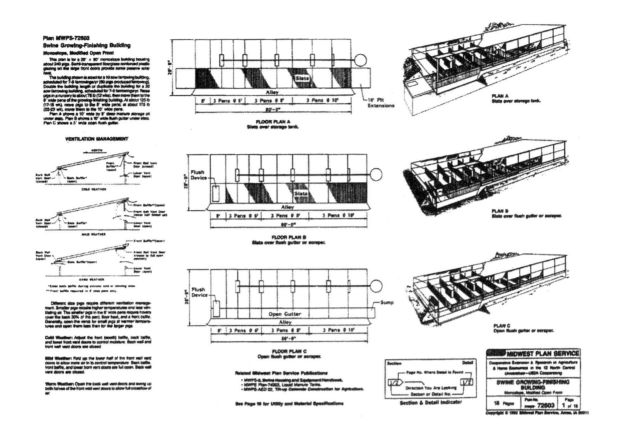

图 5.2 美国中西部规划委员会为农民建设畜牧建筑提供的典型平面图和剖面图, 这是手册的第 2 页, 展示了不同的猪圈布局方案

107

员会的方案中没有讨论工人和动物的安全问题, 但着重讲述了在寒冷、温和以及炎热天气情况下的通风问题。

在农场运营过程中, 工人用房与牲畜用房的共用区域可以用于分配饲料、清洁畜棚和清除粪便（即使机械化系统可用于饲料分配和粪便处理）。大型设施饲养了更多牲畜, 会产生更多的粪便和恶臭, 因而如何环保地处理恶臭和粪便成为最受公众关注的问题。这些大型农业建筑综合体通常采用预制木材或钢材建筑体系, 尽管专业工程师负责相关的结构设计, 但通常由农民负责协调和管理这些建筑, 包括生命安全问题和机电工程。在某些情况下, 农业工程师协助确定最佳布局和管理体系, 保证建筑最大限度地发挥功用。由于通常由农民协调所有问题, 并尽最大努力做出决策, 他们必须协调和管理总体规划、设计和施工过程以及培训雇用工人操作设施, 这经常会引发设计隐患, 尤其在大项目中。即使结构工程师设计了合理的结构, 屋顶和地基的规划恰当, 建筑也不一定就是合格的, 因为最近美国上中西部地区的许多建筑物都因为积雪和大风而坍塌。

农场工人面临的危险

在美国，无论是从事畜牧业还是种植业，工人往往是有着不同文化和语言的新晋移民，这使得他们很难了解农场的运作。明尼苏达大学生物制品与生物系统工程系的乔纳森·查普林（Jonathan Chaplin）将从事畜牧业的工人所面临的部分危险概括如下：

- 动物接触——滑倒跌入水源、动物尿液以及粪便的可能；与动物密切接触可能导致的踩踏、擦伤、割伤以及传染病；噪声。

- 药物注射——注射器材的准备和处理；偶尔的动物叮咬。

- 粪便、尿液和废物储存——有毒气体；易燃易爆性；禽畜呼吸和粪便分解的副产物。

- 动物饲养——搬运和护理；传送液体肥料；在机器周围滑倒。

- 机械维修——电动工具和电力；液压系统和开启收割台引发的事故；在结冰、泥泞和混有粪便的表面操作机器；机器倾倒或者被挤压。

- 存储设施——灰尘；封闭车库内的不完全燃烧；噪声；化学品接触。

虽然在田间或小型有机农场里的工人在种植和收割时遇到的危险不尽相同，但由于灰尘、机器操作、机器维修、起吊、滑倒和跌倒，以及噪声和化学品储存等各种问题，这些危险仍然存在，会对动物以及工人造成伤害。

如前所述，北美新型农业建筑最常见的建筑类型是轻木框架或钢结构框架，带有金属壁板和屋顶。纵观整个农业建筑历史，你会发现农民需要不断寻求劳动力和建设储备，来应对不断变化的区域经济形势。如今，随着农民在全球市场上面临的竞争不断加剧，这一点更显得尤为重要。随着农业建筑的功能多样化和规模逐渐扩大，人们在建筑物中生活的时间更长了（有时每天 24 小时，一周 7 天），建筑规范并不能充分地解决人类和环境的安全、健康和福利问题，尤其当这些农业建筑建造在非农人口的城镇附近，或环境景观格外敏感的地方时，恶臭气味往往会引起社会和管理问题。

108

建筑规范问题

美国的大多数农业建筑都未能遵循国际建筑规范（IBC），而实际上农业建筑在 IBC 的 U 组建筑附录 C 中已有定义。由于缺乏关于农业工人和动物安全、健康和福利的建筑标准规范，这些农业建筑的设计和建造通常缺乏监管，上述内容也往往被农民和相关专业人士所忽视。

在过去二十年中，由于复合农业作业的发展，动物饲养设施的规模逐渐扩大，演变为多元的建筑群——有的用于存储，有的用于维修，还有一些用于食品加工和储存。这些大型饲育设施也使用二轮半拖车运输收获的农产品，因而危险性会增加。在食品运送到加工中心之前，农场还使用特殊机器进行农作物的清洁，去除污垢和其他杂物。即便是小型的蔬菜农场，也有各式农用机械，用来种植、收割、装载以及运输农产品到农民市场或杂货铺。

全美国的商业建筑的设计与建造均采用国际建筑规范（IBC），其目的是确保各州建筑的一致性：

> 设立保障公众健康、安全与财产的最低要求，通过结构强度、疏散设施、稳定性、卫生设施、充足的照明和通风以及节能设施，建立能够保障生命安全、以及财产免遭火灾及其他灾害破坏的建筑环境，保证紧急情况下消防员和急救员的安全。
>
> （国际建筑规范 2006）

由于国际建筑规范（ICB）的大多数内容无法适用于农业建筑，所以在农业建筑的界定和适用标准方面存在许多问题。例如（来自国际建筑规范 2006）：

• 农业建筑的定义：一种用来储存农具、干草、粮食、家禽、牲畜或其他园艺项目的构筑物。这种构筑物是进行农产品加工、处理或包装的场所，不适于人类居住或者进行公共活动。

• U 组列举的公用设施和其他杂项包括：农业建筑、飞行器仓库（属于一户或两户家庭）、谷仓、车棚、不低于 6 英尺的栅栏、粮仓（附属于居住用房）、温室、牲畜棚、私人车库、挡土墙、棚屋、马厩、贮水池和塔楼。

• 第 507 条举出了一个特例，在举办室内体育活动的单层建筑，需要安装自动灭火喷淋系统，这些活动包括网球、滑冰、游泳和马术。

• 表 1003.2.2.2（"允许的最大人均建筑面积"）规定了农业建筑的人均建筑毛面积最大值为 300 平方英尺（与商业建筑仓储空间的人均建筑面积相同）。

109　　• U 组附录 C ——农业建筑规范只占所有建筑要求中的一页，除非各州、县或乡镇的建筑制定了具体法规，否则这些就是非强制性的。它列出了以下内容：牲畜棚屋或建筑物，包括遮阳结构和挤奶场，牲畜建筑或庇护所，谷仓，农业、园艺设备和机械仓库，园艺构筑物如独立的生产温室和作物保护架，谷仓以及马厩。如果建筑物旁的公共庭院或者公共道路的宽度大于 60 英尺，那么它的建设可以不受限制。根据规范要求，庭院应当是一个开放空间，而不是有围墙阻隔的空间，从地面到高空应没有障碍物。

• 除了具有教育用途的农业建筑外，（IBC 的）U 类建筑中，人类使用区域（如挤奶厂的挤奶厅）与牲畜用房区域并未区别考虑。它在 12 级以上被认定为 B 类建商业建筑，在 12 级以下（包括 12 级）被认定为 E 类建筑教育（大学里动物研究设施的建造成本远大于农场的其他类似建筑，这是因为大学需要以更高的标准来设计和建造这些设施）。

当农业建筑缺乏规范约束时，工人和动物的健康和安全就难以得到保障。千篇一律的预制建筑系统忽略地方区位、气候、文化、区域和场所精神，难以满足公众的需求。现在的问题是，能否为商业性农业建筑提供一个新水平的标准，同时不会显著地增加食物生产的成本？

虽然对世界其他国家的建筑法规不甚了解，但我估计他们同样会忽视农业建筑，农业建筑的建造只简单依赖农民对畜牧业的了解，以及对此类建筑设计和建造认识的经验。然而，正如在北美那样，当畜牧设施建筑成为大学的研究对象时，它也会像其他商业建筑一样具有非常高的研究价值。意大利阿布鲁齐（Abruzzi）地区绵羊研究中心的杰出建造正说明了这一点（图 5.3）。

图 5.3　从高速公路远眺意大利阿布鲁齐地区的绵羊研究中心，一个反映意大利地形和气候的高品质建筑

　　　　　　　　　　　建筑与农业：乡村设计导则

农业和乡村景观中的新型建筑，如乙醇厂、厌氧消化池、光伏太阳能收集器、风力发电机、种子植物和食品加工设施等，都是乡村景观中新兴的农业建筑类型。它们所涉及的建筑规范，需要根据对工人和公众的安全、健康和福利的影响来进一步阐明。国际建筑规范中，把不从事危险生产的工厂建筑定为 F 类建筑，把从事危险生产的工厂建筑定为 H 类建筑。然而，随着城市、城郊和农村景观的飞速发展，农业建筑的标准化问题需要被进一步细化。

除了建筑规模方面，在过去的 50 年，美国的牲畜生产设施的基本设计、施工和管理未曾发生变化。廉价的化石燃料和饲料、充足的水源、大量移民劳动力，以及对大气和水的肆意排放所导致的结果就是，牲畜建筑系统的设计和建造缺乏严格的评估，也缺乏改进和更新——特别是乳制品、牛肉、猪和家禽生产系统——以及忽视了对农业工人和家庭安全健康的影响。

而且，在上中西部地区从事畜牧业的大部分农业工人都来自移民家庭，他们如果没有劳动力，畜牧生产将受到严重影响。在大型商业畜牧设施中，工人每天工作 24 小时，每周工作 7 天，几乎没有标准可以用来指导这些建筑物的设计、建造和运营。人与动物之间的工作关系天生就具有危险性。牲畜饲养是十分危险的工作，而且很多工人都因此而受伤——即便是经验丰富和接受过训练的人。由于很多农场十分偏远，不方便兽医出诊，所以工人需要自行对生病的牲畜进行药物注射，这种情况增加了注射的风险。

与其他商业建筑相比，虽然美国的畜牧建筑似乎显得并不重要，但农业工人利用设施工作时遇到的安全与健康问题却日益突出。由于这些设施的设计与建造本身就过于分散，导致建筑物和现场系统无法整体良好地运行。考虑到商业化农业牲畜生产的设施在食品产业中的角色，必须重视它们对美国食品供应安全的潜在影响，同时也需考虑它们如何适应社会、文化和经济对乡村社区的影响。2015 年夏天，许多中西部地区的火鸡、鸡肉和鸡蛋生产商感染了禽流感，这足以证明畜牧业对经济的巨大影响。

为应对全球粮食经济的变化，美国的畜牧业模式从小型多元化农场逐渐发展成为专门的大型仓库，其中包括大量牲畜，以及为这个综合农业设施工作的工人，他们每天工作 24 小时，每周工作 7 天。例如明尼苏达州中部的里弗维尤（Riverview）牛奶场，规模高达 7500 头母牛（5000 头牛共享一个大型畜棚和一个旋转式挤奶室），50 个工人每天工作 24 小时（图 5.4）。里弗维尤牛奶场的业主非常关心工人和动物的健康和安全状况，

图 5.4 明尼苏达州中西部的里弗维尤（Riverview）牛奶场的鸟瞰图；它的右边是一个饲养 5000 头牛的单体建筑，左边是一个饲养 2500 头牛的畜棚，中部有两个化粪池；每个畜棚都设有独立的挤奶厅

因为这些久居于此的工人在农场尽职尽责地工作（图 5.5 和图 5.6）。然而，目前他们的担忧是，责任制度烦琐复杂，所涉及的监管规则只是针对某一部分而不是一个整体，这与其他商业性建筑十分类似。

112

爱荷华州北部的大型家禽业务设施是目前监管体系过程中一个很好的例子，由业主按照美国职业安全与卫生管理局（OSHA）的条例和建筑规范，精心设计和建造而成。日出农场（Sunrise Farm）项目目前由桑斯特加德（Sonstegard）家族所有并经营。他们与明尼苏达大学的家禽专家合作，形成生产和加工的基本理念，并通过一系列的建造设施标准对建设进行管控。随着时间的推移，该设施的建设经历了好几个阶段，如今它的结构组织呈现为"H"形，其中包括多个单独的家禽蛋层状畜棚，由封闭式输送机连接，用于将鸡蛋运送至中央处理设备和饲料加工厂。桑斯特加德家庭族与当地建筑官员和职业安全与卫生管理局（OSHA）检查员紧密合作，并与结构、机械和电气工程师制定方案，与工业工程师决定生产和加工技术系统。由于没有建筑师或景观设计师的参与，业主需要负责项目管理、景观布局、粪便处理，以及对工厂的外观以及如何与场地相协调做出美学决策。他们必须协调所有的蛋品生产和加工设备所需的不同技能和专业知识，甚至包括财务和成本控制问题。

113

家禽仓库也属于农业建筑范畴，对它的规范审查非常之少，不过其中的加工和喂养中心则经过了一系列的细节审查，远比任何工业建筑都要多。然而，由于大型畜牧设施存在粪便处理和潜在的环境破坏的问题，这些项目必须通过环境评估，并强调土壤、水源、气味和粪便处理方法。

大型动物设施建设面临的另一个难题是确定公众普遍接受的规划选址。由于其外观和规模，对大型动物设施项目的看法通常是负面的，以至于农民并没有机会向监管机构提交建筑方案。在把农业项目作为优质项目

图5.5 里弗维尤（River-view）牛奶场的畜棚和饲养线内景，这里饲养着超过5000头奶牛

图5.6 里弗维尤（River-view）牛奶场大型畜棚内的旋转式挤奶厅，同时可为84头奶牛挤奶，它每天工作24小时，每天有50名员工轮流照看奶牛

引入社区之前，管理机构必须考虑恶臭、景观适应性、与附近非农业住宅物业的关系以及设施经济影响等社会问题。这些问题都会在公开听证会上反复考量，居民可以在听证会上对这一项目表示支持或反对。

对于业主而言，获得有关部门的许可十分困难，于是他们通常选址在风景区和小城镇附近的住宅开发区之间的过渡地带。这种方式会吸引其他畜牧设施也落户于此，这会减小设施之间传播疾病的可能性，并带来一定经济促进作用。与此相关的趋势是，猪农会在自然保护区附近的过渡地带进行规划选址，这种举措会让野生动物传播疾病给家畜。

研究的可能性

乡村设计中心（CRD）以及明尼苏达大学生物制品与生物系统工程系的拉里·雅各布森 Larry Jacoblson，凯文·扬尼（Kevin Janni）和乔纳森·查普林（Jonathan Chaplin）向国家职业安全卫生研究所（NIOSH）提交了一个项目，用于研究和起草国际建筑规范（IBC），该规范将农业建筑作为牲畜生产建筑系统中的工人和动物健康与安全设计指南的一部分。虽然这个项目并未获得资助，但该项目设想的实证设计指南可能有助于未来畜牧建筑转变成集成的畜牧建筑体系。设计指南涵盖畜牧建筑设施中的所有系统组件，包括建筑表皮、环境控制系统、饲养和灌溉系统、动物护理和废物管理，这些建筑群将会融入乡村景观之中，以改善生态系统。

目前，该项目可以与行业相关的个人（包括农民和工人）合作，明确畜牧业设施对乳制品、猪肉、牛肉和家禽造成的潜在风险，提供设计指导方针，将美国的畜牧生产设施提高到更高的专业化水平，从而改善动物福利和工作场所环境，提高员工的安全健康，以适应农村新的环境、社会和文化的发展。

设计是一种科学与社会之间的有效联系，它以设计思维和解决问题的实证设计方式来论证提案。尽管这个项目侧重于上中西部地区牲畜生产设施的设计、建设和运营，但这个研究被认为有助于提高工人的安全和福利，同时增加美国食品供应的安全性——尤其是从长远来看，适用于国际建筑规范的 U 类建筑——修订后的农业建筑规范将这类建筑纳入了主流商业建筑的范畴。

商业性的畜牧建筑需要这样的设计指南，它可以通过出版物和网站宣传为生产组织、建筑系统制造商、保险组织和个体农民提供必要的信息：

• 确保乳制品、猪、牛、家禽和其他畜牧设施中工人和动物的安全和健康，其设计指南涵盖一般畜牧设施，包括针对每个动物种类及其独特生产阶段的具体方针，以及恶臭控制和粪肥管理；

• 提高牲畜的生产效率，更好地了解动物安全饲养的方法；

• 通过提供灵活的完善方案，降低运营和保险成本，使建筑获得更长的寿命；

• 采用更加耐用和环保的建筑构件，建筑形式遵循各部件功能、区域气候和地理位置；

• 改善乡村景观特色，提供更加友好的邻里关系和社会可接受的住宅体系；

• 概述每个动物种类的生物安全性，包括食品安全和人畜健康；并且将合适的工人文化、社会和住房问题整合纳入农业畜牧设施的设计指南。

乡村地区人口变化的原因之一是现在有许多非农人口和退休人群开始选择居住在乡村。一方面，农民希望扩大牲畜生产设施，另一方面，公众对恶臭问题和环境保护格外关注，冲突由此引发。县级综合规划和分区法规往往较少考虑到居住在畜牧业不断扩大的乡村和城镇的居民的利益。农民或许会认同各州、县关于新建和改造设施的所有规定，但城镇居民可能会持截然相反的态度。这种多方参与的现状使农民很难参与到未来的规划中。

项目研究结果表明，可以通过实证的方式整合可持续商业畜牧建筑设计指南，帮助解决州、县、乡镇现有法规之间的冲突。随着时间的流逝，这些法规会向行业提供关于工人安全的相关知识，以及如何设计和建造实现这一目标的农业设施，同时保护环境，降低生产成本。

可持续畜牧建筑

美国农业部提出了关于中北部地区可持续农业研究和教育方案，这是明尼苏达大学乡村设计中心与可持续建筑研究中心同生物制品与生物系统工程系的另一项研究计划。该计划是基于可持续畜牧生产建筑综合性能指标而制定的。它与行业利益相关者合作，为美国畜牧业提供发展方向，这将有助于改变畜牧业现有的规划选址、房屋建造设计和生产方法，从而有效地处理地方、州、国家和全球性问题。如果能得到资助，这将是第一个对该领域进行研究的项目，具体所述如下：

> 人们对乡村地区的畜牧建筑关注极少，但此类建筑对维系可持续健康食品体系的作用十分重要。对于生产者和他们的邻居而言，他们都会逐年更加关注并明晰这些问题：有限的环境资源、多用途的社区规划，社区不同部门的经济如何相互关联，以及对公共卫生影响重大的某些动物疾病。缺乏实用的科学信息是主要挑战之一，这些信息可用于决策，以创造更加可持续的畜牧业设施。这些基于生产、能源、环境、经济、动物福利、工作场所环境卫生和社会标准的科学性能指标，将使畜牧设施成为商业 / 工业建筑物设计和建筑的主要方向。
>
> 对美国消费者和生产者而言，可持续的健康食品系统变得越来越重要。开发过程将纳入环境、社会和文化、经济和卫生领域的新兴社会问题。模型化的可持续商业畜牧建筑的综合性能设计指标，将有可能改

变畜牧生产设施所在生产场所和社会环境。这些科学指标将成为行业内专业人士、生产者、加工商、监管机构、邻居和其他利益相关方的重要工具，可以用以评估畜牧生产设施的位置、设计、建造和管理。

该项目的成果为可持续的畜牧商业建筑提供了科学而综合的设计性能指标。这有利于提高牲畜产量，降低化石燃料和动物饲料的能源消耗，降低建筑生命周期成本，促进更耐用、更环保的建筑部件的使用，彰显农村景观特色，提供更多的社会可接受的畜牧建筑，改善工作条件（人类工程学）和工人的健康，提高牲畜健康，保障动物生命安全，并提供更多的食品安全保障。这些指标将使农业畜牧建筑走向更高的专业水平，而这也是其他商业建筑标准所追求的。

该项目旨在为畜牧业设施制定一整套完善的设计绩效指标，协助该行业新建设施或更新旧设施，以达到商业建筑行业中其他的可持续发展的标准。遗憾的是该提案并没有得到资助。

城市农业与建筑规范

几年来，我一直与约翰·霍顿（John Troughton）博士合作，作为一位澳大利亚的专业顾问，他在商业、技术和沟通方面备受尊敬，荣誉卓著。我们在澳大利亚召开的第二届乡村设计国际会议上进行了讨论（第一届于2010年在明尼苏达大学举行），会议的核心问题是可持续的乡村的适应能力，以及如何将乡村和城市问题联系起来共同考虑。霍顿博士还参与了从全球视角促进生物圈保护的活动。其概念是，在共生的生物圈中，所有的活动必须是和谐的，包括气候变化和水资源保护。他将乡村设计定义如下：

（它是）自然（乡村）的统一，不论过去还是现在，并且（它）探讨富有创意的设计师如何创造和设计我们生活的世界以满足人们的期望。乡村地区的人与自然系统是动态的，并且处于相互影响和作用的无限循环中。

（霍顿 2014）

他继续说道，"未来的乡村设计属于创造者、共鸣者、模式识别者、意义制造者……设计师和从业者，以及包括从农民到矿工的执行者。"

目前，正是创新精神促使畜牧业和其他农业建筑免于建筑规范的限制，并成为与其他主流商业建筑类似的建筑。更重要的是，它们可以在认识到农村与城市重要联系的同时，成为乡村地区建筑和景观融合的典范。根据霍顿博士的定义：

> 建筑设计专注于设计单个建筑物，而城市设计则是设计和塑造城市、城镇和乡村的过程，并使城市相对于人而言变得功能化，具有吸引力和可持续性。乡村设计是一个设计和塑造非城市空间的过程，并利用这些空间的对象（建筑和工具）和服务使其对自然和人类具有功能性、吸引力和可持续性。
>
> （霍顿 2014）

如前所述，当农业建筑的规模能与其他商业建筑相匹敌时，工人和动物的安全与健康将在未来农业建筑物的设计与建造中具有重要的意义。通过适当的规划设计保证足够的员工和动物出入口以及火灾报警和消防系统，并且不会增加额外的成本。另外，上中西部地区动物设施中的许多农业工人都是移民家庭，如果缺少劳动力，畜牧生产将受到严重影响。在大型商业动物设施中，工人有时每天工作 24 小时，每周工作 7 天，但这些建筑物的设计、建造和运营却使用最低标准来指导。由于语言障碍，从业人员训练工人的效果往往会打折扣。

动物之间、家畜与野生动物之间的疾病传播是畜牧生产设施选址和场地设计中的另一个新问题，涉及食品安全。同样，粪便处理也可能造成社会冲突，所有的饲养和动物照料都需要借助设备。电力线的位置、车道和机器的运动模式以及所使用的设备，必须纳入设计指南，同时增强工作人员和应急人员的安全和健康意识——正如主流商业建筑通常要求的那样。目前工人与动物的安全和福利在畜牧业设施设计或建筑规范中仍然是尚未得到充分解决的设计问题。

人类、动物与环境健康的联系

健康问题是思考设计和塑造未来城市、城郊，和乡村景观的绝佳机会。它应将气候变化、可再生能源、粮食安全和水资源作为地球上人类居住的基础。由于人类、动物和环境健康是一个综合性问题，因此未来城市与乡村设计的结合变得至关重要。

这里所强调的健康不是身体上的健康，因为这种健康往往与对患病事物的照顾有关。这里的健康是指使事物保持一种良好正常的态势。与照顾患病的事物——人类、动物和环境相比，保持健康更具成本效益，这也是一个全球性的设计问题。人类健康通常与医学院校和医学界有关；而动物健康与兽医有关；环境健康通常与生态环境研究相关。那么，面对如此复杂多样的健康学科，我们能涵盖所有的健康问题么？

除了专家的观察和讨论之外，我们还不清楚它们之间的相互关系。例如，生猪饲养者已经将他们的设施进一步远离人类居住区，并且这些设施在某些情况下被建造在靠近野生动物保护区的区域，以避免造成与人类居住有关的社会问题。这种近距离建设可导致家畜、野生动物和鸟类之间的疾病传播。当大量家禽养殖场在附近区域运行时，禽流感可能对饲养家禽的农民造成毁灭性的影响。商品生猪和家禽养殖场的生物安全问题已经变得至关重要，同时也引起了公众对动物福利的关注，因为这些养殖场通常在封闭的空间饲养动物。

2016 年 4 月，在明尼苏达大学召开了名为"一种药物一门科学"的国际会议，简称 iCOMOS。其中一个会议的主题是"科学宣传公共政策和卫生经济学"，讨论了水的质量与数量对于维持人类健康水平的重要性。随着人口扩张，土地利用蔓延，以及气候变化导致的水供给模式发生极大转变，使得这个问题越来越棘手。会议组织者继续提到：

> 政策制定者面临的问题更加复杂，因为在制定水资源政策时必须把人类、动物和环境卫生考虑在内，然而三者的衡量标准截然不同。经济和社会价值在世界范围内因地区而异，它们往往是复杂多样的，而并非逐步简化从地方到全球层面的问题。这意味着很难获得充分的信息来制定政策，比如，如果某一地水资源利用超过平均标准，会导致其他地区水资源利用不平衡，以及意想不到的不良后果。

会议讨论了人与动物健康之间的联系，以及两者是如何影响环境的。空气质量问题也是与空气有关疾病的科学主题之一。水资源质量是地球生命的基础，科学地制定地方和全球卫生政策在保护人类健康方面至关重要；然而，学科之间往往是相互独立的，其相互作用因素常被忽视。需要对相关的学科进一步整合和阐释，提供开明的公共政策，维护人类、动物和环境健康（iCOMOS 2016）。

设计是一个解决问题的过程，是一种通过实证设计将科学带入社会的方法。iCOMOS 会议的目的显而易见，但是没有对设计如何改善科学与社会之间的联系进行讨论。"一种药物一门科学的未来"的议题之一，试图仅从科学的视角来阐述这个问题。议题提出：

> 我们迫切需要通过农业、医学和社会学领域的跨学科团队的研究来提高应用计算机工具挖掘大型农业生态系统数据的能力，以提高粮食生产系统的效率，提供基于科学的政策投入，最终改善地方和全球社区的健康和福利。会议将进一步讨论地方和全球范围内有关研究、推广和教育计划的制定和实施，促进跨学科、文化和国家的交流与合作，最终实现食品的生产、安全和保障，以及动物、人类和环境的健康发展。

为了在会议上讨论关于设计如何将科学与社会联系起来的议题，我尝试提交了一份提案摘要，目前已被选入会议宣传的海报。以下是我提交的"乡村设计是连接科学与社会之间纽带"提案摘要：

> 我们在复杂生物医学和环境问题方面知识的空白限制了我们本着"一种药物一门科学"精神去研发长期解决方案的能力……局限化的学科研究往往忽略相互作用的重要性，相关学科对公共政策的讨论经常无效……如果学科发展对于制定维持人类、动物和环境健康的公共政策至关重要，那么需要重新整合和阐明相关学科的定义，保证它是中立的，具有普世价值并为公众接受。

120

> 基于实证的乡村设计是一个解决问题的过程，它可以促进科学与社会的联系。这个过程说明了人类和自然系统在相互影响和反馈的无限循环中是不可分割的两面。它是一个跨越领域解决问题的方法，它通过培育新的设计思想和协同方法以解决问题，从而为本土和全球的人类、动物和环境创造更美好和灿烂的未来。

> 乡村设计将会成为一种有效的方法，使科学家团队（农业、医疗和社会）能更好地运用科学实证解决社会问题，反过来又提出科学需要解决新问题的方法。这是一个培育乡村社区协作的过程，从而塑造乡村景观，通过整合人类、动物和环境系统来满足人们现在的需求，并且不会对未来造成损害。

有关人类、动物和环境健康的另一个问题是世界人口迅速增长下的粮食供应和食品安全问题。凯瑟琳·M·J·斯旺森（Katherine M.J. Swanson）博士是世界知名的食品微生物学家，她从事食品安全管理和质量问题的研究，重点关注的是微生物和过敏原控制。基于她全球范围内的研究工作，我邀请她简要概述了未来全球食品安全及城市和乡村未来的关系，以及气候变化、粮食供应和水资源问题，这是她的答复：

食物、水资源和住所对生活至关重要，任何社会的健康发展都取决于这些需要被满足的程度。缺乏安全的食品将无法满足社会的营养需求，因此食品安全一直与粮食供应联系在一起。全球范围的食品供应维系着世界的发展，全球人口的迅速增长使食品安全问题更为重要。一些地区的食物供应丰富，自己种植或从国外进口食品使得日常饮食多样化。有些地区无法依靠当地农业来满足人口增长的需求，只能依赖国外进口。发展中国家可以通过食品出口来促进经济发展。相反的，一些发达国家的"食物匮乏"现象仍然存在于城市近郊和乡村城镇，在那些地方，新鲜、健康和廉价的食物往往难以获得。

食品安全是乡村和城市共同面临的一个问题。良好的农业生产对于产品至关重要，这就意味着简单处理无需加工，或者稍加烹饪就能消灭病原体。农业生产工厂的规划选址尤为重要，因为这可以避免某些土壤中潜在的化学污染。厂址选择对乡村和城市地区同样适用。潜在污染物取决于土地之前的使用情况，可能包括杀虫剂、除草剂、硝酸盐、金属、石油产品、石棉、含铅油漆、多氯联苯和病原体等。

肉食和素食都可以避免食源性疾病。病原体可以在家养牲畜和野生动物的肠道中传播。也可以通过近距离的直接运输、水地表径流（在植被生长山坡上放牧）、洪水、污染水源灌溉和风传播等方式来污染食物。这些病原体也可能通过加工设备转移到生肉中。病原体可以植入人们的肠道内。诺瓦克（Norovirus）病毒主要来自人类的肠道，它是导致食源性疾病的主要原因。

虽然许多人认为食源性疾病的发病率正在上升，但根据美国疾病控制中心的报道，与 1996 年至 1998 年间相比，2013 年食源性疾病发病率降低了 20%。然而在这期间，一个病原体组，弧菌[①]（Vibrio）

---

① 弧菌（Vibrio），一种革兰氏阴性菌，弧菌通过食用贝类或海水进入人体后会引发多种感染疾病，包括霍乱、肠胃炎等。——译者注。

导致的发病率增加了173%。弧菌自然存在于海边和河口。疾病通常与长期在海上的暴露或食用生鱼及未煮熟的海鲜相关，特别是生蚝。大多数疫情发生在夏季月份，因为温度较高的水温会加速弧菌的繁衍。目前，弧菌被加拿大水域隔离，这种情况在加拿大实属罕见，说明了食品安全正在受到潜在环境的影响。

正如建筑和建造行业有建筑、电气、管道等其他规范来加强设计与建造安全一样，食品安全也需要法规来保障。食品法典委员会（The Codex Alimentarius Commission）为国际食品贸易制定标准，要求各国采取与其人口相应的规定。美国食品与药品管理局和美国农业部制定了州际贸易的食品管理法规。各州和地方当局根据本地实际来调整或采纳相关标准或准则。例如，食品服务或零售设施通常需要进行常规的规划审查，在此期间，各州或地方监管机构将重点考虑食品安全问题。

食品安全法规和准则的制定基于如下框架，该框架首先明确如果危险无法得以控制，可能导致疾病发生，然后框架明确了将危害降低到可接受水平所需的控制力度。对这些问题的考虑将有利于从建筑和设计角度实现城市和乡村环境的融合：哪个环节会出错？我们如何防止食品安全和其他新兴问题的产生？

（私人信件，2016年1月28日）

斯旺森博士明确指出了建筑师、景观设计师和规划师提所面临的挑战，他们应从更广泛的角度来看待他们的项目，找到能够回应上述问题的设计方法。建筑规范强调建筑中人的安全、健康和福利，但对建筑物以外的其他问题往往避而不谈。在美国普遍使用的是综合的建筑标准"国际建筑规范"（IBC），它强调了"使用规范性和性能相关的建筑物系统的最低要求"。国际建筑规范还将成立一个论坛，讨论保障社区的公众健康与安全相关的问题，无论这些社区是大是小，位于城市还是乡村（国际建筑规范2006）。

我希望这本书在讨论人类、动物和环境健康的同时，能为气候变化、可再生能源、粮食安全和水资源问题的解决之道提供启发，探究协助塑造建筑环境的有效规范。建筑师和设计师的角色是独一无二的，因为他们是未来城市与乡村的发展与衔接的协同管理者。到2050年，他们将为地球上的另外25亿人创建美好而富有创造力的理想生活环境。

第6章
乡村的可持续发展与绿色设计

　　2013年的夏天，我有幸参加了两个关于可持续发展的绿色设计国际论坛，论坛讨论了全球城镇化和乡村的发展。从讨论内容来看，绿色设计的概念似乎还未定论。每个人都在谈论绿色设计的可持续性，并且认为这是至关重要的，但没有人知道该如何做，由谁负责，或是如何衡量其有效性。

　　后碳研究所（Post Carbon Institute）的理查德·海因伯格（Richard Heinberg）阐述了远离矿物燃料的必要性，在其研究所的出版物中，他提出这样的问题："什么是可持续发展？"在文章中，他警告要谨慎使用"可持续发展"一词，因为这个概念已经被滥用，但他又说："然而，这一概念是不可或缺的，是长期规划的基础。"他认为，许多本土的民族已经进行了好几个世纪的可持续发展的实践。"可持续发展"这一术语是由德国的林业学家和科学家汉斯·卡尔·冯·卡洛维茨（Hans Carl von Carlowitz）于1713年在欧洲首次使用。然而，这一术语得到广泛使用是在1987年的联合国世界环境与发展委员会公布了《布伦特兰报告》[①]（Brundtland Report）之后，此报告将可持续发展定义为"既能满足我们现今的需求，同时又不累及后代子孙满足他们的需求"。这也是我在这本书以及我自己的研究和建筑工作中所遵循的宗旨。

　　海因伯格制定了"可持续发展"的五条原理，他将认为这些有助于了解可持续发展的显著真相：

　　一、任何持续使用无法维持临界资源的社会将面临崩溃。

　　二、人口增长或资源消耗的增长率无法维持不变。

　　三、为了可持续性发展，可再生资源的使用率必须小于或等于其自然补充率。

---

① 1987年，挪威前首相格罗·哈莱姆·布伦特兰（Gro Harlem Brundtland）在联合国大会上发表"我们共同的未来"报告（Our Common Future，又称为《布伦特兰报告》）。正式定义了"可持续发展"。——译者注

124

四、为了可持续性发展，必须减少不可再生资源的使用率，减少率必须大于或等于消耗率。消耗率的定义是指定时间间隔内（通常为一年）开采和使用量占剩余可开采量的百分比。

五、可持续发展要求人类活动所释放到环境中的物质达到最小化，并且对生物圈功能无害。如果不可再生资源开采和使用所带来的污染在一段时间内有所扩大，并威胁到生态系统的生存，那么这些资源开采和消耗的下降比率必须要远远大于其消耗率。

正如海因伯格所说，这些原理是显而易见的，而且它们的目标并不是构建一个良好或者公平的社会，而是一个能永续维持的社会。在城市规划和建筑设计这一领域，对于可持续发展的三种理解是：（1）环境，（2）经济，（3）社会平等（海因伯格 2010）。

绿色设计正逐渐成为一种通过设计理念获得可持续发展的手段，但大多数绿色设计理念仍集中在城镇化研究上，而将乡村的弹性发展作为另外的问题。这是错误的，因为城市与乡村的问题必须结合在一起考虑。虽然本书从乡村视角看待可持续发展，但笔者仍希望从城乡双方的角度出发，提高城乡生态系统的可持续性，尤其是次城市景观。

美国建筑师学会（AIA）发布了《2030 承诺》[①]，以单体建筑为重点，构建了一个关于改进和标准化建筑能源使用评估的全国性的框架，然而其中的绿色设计进一步表明，建筑是独特气候和景观的不可分割的部分，因此建筑设计和建造项目中也必须包括气候变化、食品安全、水资源、健康和可再生能源等问题。

2013 年 5 月，世界绿色设计论坛在中国的扬州和北京举行。论坛由中国和欧盟成员国所创建的世界绿色设计组织（WGDO）举办，其目的是在设计、制造、使用和废弃处理过程中节约资源并保护环境。这是世界绿色设计组织第三次峰会，同时也是首次在中国举行的峰会，与会者包括各级政府官员、设计师、投资方、制造商，以及高科技园区、经济开发区、工业园和新闻界的代表。世界绿色设计组织的目标在于，通过绿色设计促进人类与自然的和谐发展，其原则包括：

125

• 设计为先进行业提供指导。

---

① 《2030 承诺》（2030 Commitment）是由美国建筑师协会（AIA）创建的一个全国性框架，它基于项目和数据驱动的方式改变建筑的整体实践。加入《2030 承诺》的公司能更有效地评估建筑的能源绩效，应对全球气候变化的影响。参见 https://www.aia.org/resources/202041-the-2030-commitment. ——译者注

- 绿色是未来人类文明存在的主导因素。
- 绿色设计是必要的和重点的发展目标，将影响全球生产和推动消费。

2013年的国际论坛邀请我来介绍乡村设计，我在会上提出了世界各地的乡村地区该如何利用设计理念和问题解决型的方法来解决乡村问题。虽然论坛上的大部分发言和讨论都是关于城市的，但中国和欧盟的强大政治力量给我留下了深刻的印象，各国政府正在制定绿色设计政策，这将有助于构建城镇化以及城市和乡村未来的蓝图。虽然大多数人将生活在城市里，但中国和全球的乡村越来越受到人们的关注，可持续发展为乡村居民提供了更好的生活质量。

"2013奥斯陆建筑三年展"于2013年9月在挪威的奥斯陆召开，主题为"绿色大门之后——建筑以及对可持续的渴望"。此建筑展每三年举办一次，是北欧最大的建筑界盛会，主办方选择了罗特公司（ROTOR，一家比利时设计公司）来组织此次会议，对一些与绿色设计有关的展览进行了概述，并就可持续发展提出了一些问题，如"我们该如何再次面对这一充满困难、破烂不堪、永无穷尽的概念？人们会继续关心吗？我们可以放弃吗？"

奥斯陆三年展信奉的理念是，建筑可以影响每一个人，并且与每一个人都息息相关。高质量的专业、艺术和学术项目，必须与社区及其居民的关注焦点紧密联系。若干场馆的展览都涉及可持续发展，以及其在过去几十年间对建筑的影响。这些展览同时也提出了一个问题，这些旧的观念对于今天来说是否更加契合或重要。

会议的重点是"舒适的未来"，以及在不同规模和世界不同地区内，建筑如何成为创建新型可持续生活方式的重要手段，并提出了这样一个问题："可持续的生活是否会降低我们现有的生活质量？"关于城乡设计，最引人注目的演讲是由剑桥大学的建筑师以及食品与城市的思想先锋卡罗琳·斯蒂尔（Carolyn Steel）所做出的。她讨论了作为塑造城市和生活的首要条件的食品系统，在全球足迹网络中强调说：

> 地球提供了我们生存和发展所有的需要。那么，人类该以什么样的方式生活在一个星球上呢？世界各地的个人和机构必须开始认识到生态极限。我们必须开始将生态极限作为决策的核心，并利用人类的智慧在地球上找到新的生活方式。
>
> （全球足迹网络基金会，www.footprintnetwork.org）

全球足迹网络认为，同时考虑城市和乡村问题是至关重要的，绿色设计是维系城乡发展与人造自然环境之间可持续性关系的一种方法。设计师需要在奉行"一个健康星球"的理念下，将人类、动物和环境健康融入他们的设计和商业实践中，并在城市和乡村社区开展居民和工作项目。

会议之后，罗特手册（The ROTOR Book）《绿色大门之后：通过 600 个项目对可持续性建筑的批判性视角》（*Behind the Green Door: A Critical Look at Sustainable Architecture through 600 Objects*）（2014）出版发行，手册展示了 600 个可持续性原则的想法，并进行了有趣的和批判性的综述，可以作为源自 20 世纪 50 年代的可持续建筑的历史综述。这些项目的性质和意义涵盖了广泛的范围，包括位于阿布扎比市（Abu Dhabi）郊区、规模为 45000 名居民的玛斯达尔市[①]（Masdar）的总体规划，如果能够按计划进行施工，那么那里将成为世界上最大的可持续性项目之一；还包括挪威自 2015 年开始的对所有住宅的"被动式住宅标准"的改造。罗特手册中还收录了 1968 年至 1972 年出版的"地球目录全编"，其中介绍了可替代废物处理系统以及无水厕所的设计，其中当地的食品系统颇受称赞。

正如罗特手册的编辑莱昂内尔·达文里格（Lionel Devilieger）所描述，

> 他们强烈主张将可持续发展转为政治领域的博弈，而非科学领域。让可持续发展走出实验室，进入民主会议之中。应允许公众了解它并重新获得判断的能力。应该在对立阵营的相互指责下再次应对利与弊。

罗特手册就可持续建筑提出了一系列的问题，包括了可持续建筑的设计、明确可持续性的定义的必要性，以及我们如何实现它。

"领先能源与环境设计"（LEED）计划在美国一直是评判建筑物可持续发展水平的一种方法，并且在提高准入门槛，以及令建筑师和开发商们注重可持续性方面起到了良好的效果。"领先能源与环境设计"（LEED）计划及其四个认定标准关注这样一个问题——一个可持续建筑是否可能是部分可持续的？如果可持续性是以净零碳或净零能源作为标准，那么它有可能是，也有可能不是。白金级别的"领先能源与环境设计"（LEED）

---

① 玛斯达尔市（Masdar），阿拉伯原文意为"资源"。2007 年阿联酋首都阿布扎比宣布决定在其郊区建造世界上第一座零碳城市，命名为"玛斯达尔"（Masdar），由福斯特建筑事务所设计。——译者注

代表了接近净零能源的唯一方法，尽管该计划将可持续发展设计作为目标是好的，但我们接下来该何去何从？

在 2013 年 10 月初，作为设计、产品及建设的独立和跨学科网络的领导者，未来设计学会（DFC）在明尼苏达州组织了可持续设计领导峰会。未来设计学会（DFC）所信奉的南塔克特原则^①（The Nantucket Principles）概述了人类面临的快速而彻底的世界人口城镇化将对地球生态系统产生威胁，这是一个即将面对的挑战。原则结尾写道：

> 有力的证据告诉我们，可预防疾病的快速增长与我们建筑环境的质量之间有着直接关系。我们相信，设计专业必须采取全新的、充满活力的方法来引导人类居住环境的可持续性转型，并采取明智的解决方案来改善人类与环境之间的关系，创建真正的可持续体系。

未来设计学会（DFC）声明，支持将绿色设计的概念作为解决问题的过程，其中的实证设计有助于设计师与居民、政府和商业领袖合作，为人类、动物、环境的利益提供有远见的、可持续的，以及城乡统筹的设计方法（未来设计学会 2013）。

联合国与可持续发展

在 2015 年 10 月的联合国可持续发展峰会上，世界各国领导人通过了十七项的可持续发展目标，会议主旨是争取在 2030 年结束贫穷、打击不平等和应对气候变化。第十一项目标是解决城镇化，力求"建设包容、安全、有复原能力和可持续的城市及人类居住区"。联合国秘书长潘基文表示：

> 城市在观念、商业、文化、科学、生产力、社会发展等方面起着枢纽的作用。城市在最佳状态运行时，人们能在社会和经济方面得到

---

① 南塔克特原则（Nantucket），2002 年 9 月未来设计学会（DFC）在马萨诸塞州的南塔克特举办建筑师环境峰会，会议讨论了影响未来绿色建筑和可持续设计的趋势与问题，与会者制定了建筑设计公司与客户关于绿色和可持续设计策略的"南塔克特原则"。参见 https://www.di.net/articles/nantucket_principles_green_sustainable/. ——译者注

提高。然而，城市发展的过程中仍然存在着许多挑战，其中包括如何持续创造就业和繁荣的同时避免土地匮乏和资源紧缺。

（联合国可持续发展峰会 2015，

www.sustainabledevelopment.un.org/post2015/summit）

联合国人居署执行主任琼·克洛斯（Joan Clos）博士探讨了全世界特别是发展中国家的快速的城镇化进程，她认为：

> 如果没有适当的立法、良好的规划和充足的资金，城市人口会发生流失。我们现在所面临的问题是，大多数新型城镇化都是自发的和计划外形成的。因此，这并不会带来良性的结果，而是会经常产生负面效应，如拥堵、无序蔓延以及城市隔离。良好的城镇化是不会碰巧产生的。它是来自设计的结果。

（联合国人居署 2015）

128   2015 年联合国通过的 17 项可持续发展目标（在 2030 年应达到的指定目标）包括：

目标 1：在世界各地消除一切形式的贫困。

目标 2：消除饥饿，实现粮食安全，改善营养和促进可持续农业。

目标 3：确保健康的生活方式，促进各年龄段人群的福祉。

目标 4：确保包容、公平的优质教育，促进全民终身享有学习机会。

目标 5：实现性别平等，为所有妇女、女童赋权。

目标 6：确保所有人享有水和环境卫生，实现水和环境卫生的可持续管理。

目标 7：确保人人获得可负担、可靠和可持续的现代能源。

目标 8：促进持久、包容、可持续的经济增长，实现充分的生产性就业，确保人人有体面工作。

目标 9：建设可复原的公共设施，促进具有包容性的可持续产业，并推动创新。

目标 10：减少国家内部和国家之间的不平等。

目标 11：建设包容、安全、可复原和可持续的城市及人类住区。

目标 12：确保可持续消费和生产模式。

目标 13：采取紧急行动应对气候变化及其影响。

目标 14：保护并可持续利用海洋及海洋资源，以促进可持续发展。

目标 15：保护、恢复和促进可持续利用陆地生态系统，可持续森林管理，防治荒漠化，制止和扭转土地退化现象，遏制生物多样性的丧失。

目标 16：促进有利于可持续发展的和平和包容性社会，为所有人提供诉诸司法的机会，在各层级建立有效、负责和包容的机构。

目标 17：加强执行手段，重振可持续发展全球伙伴关系。

这 17 项可持续发展目标要求人人各尽所能（包括政府、私营部门、社会团体和其他所有人），以便在 2030 年实现这些目标。虽然目标似乎更侧重于城市发展，但同样也适用于乡村发展。世界绿色设计组织（WGDO）（中国与欧洲合作伙伴关系）与联合国所提出令人振奋的新举措旨在促进全球绿色设计。尽管世界绿色设计组织（WGDO）的工作重点曾经是城市发展，但他们现在也已创建了世界乡村发展委员会（WRDC）来"提高全球乡村可持续发展综合水平"（世界绿色设计组织 2015）。

在 2015 年 10 月，我受邀到北京参加世界乡村发展委员会（WRDC）的开幕式，并被任命为世界乡村发展委员会（WRDC）的副主任。以下是委员会成立宣言及其愿景：

> 我们这些人来自世界各地，都对乡村遗产和文化充满了热情。由于气候变化、城镇化，以及对食品安全、水资源和乡村可持续发展的关注，在这个乡村发生迅速变化的时期，我们聚集到北京成立了世界绿色设计组织乡村发展委员会（WGDO-WRDC）。
>
> 世界乡村发展委员会（WRDC）旨在提高全球乡村的研究标准、国际合作策略以及乡村设计实践。提倡以人为本、文化促进、绿色可循环、城乡统筹、可持续发展的良好乡村设计，并努力继承优良乡村文化，保护世界文化多样性和环境资源，促进生态文明发展。
>
> 世界乡村发展委员会（WRDC）致力于为所有国家（尤其是发展中国家）的乡村地区环境、生产、生活、文化和技术的全面可持续发展提供指导和解决方案。将鼓励农业文化传统智慧的重新发现和传播，促进中国和其他国家乡村地区的可持续发展。
>
> 世界乡村发展委员会（WRDC）将成为交流乡村设计经验的平台，探索各国的传统智慧和遗产，并就相关理论和实践展开讨论。本着跨国、坦诚、务实和前瞻性的精神，世界乡村发展委员会（WRDC）将积极回顾并传播人类发展中符合"生态、生产、生活、历史和未来"五大元素的先进设计理念和实践方法。它所促进的概念，将减少因片面思维和非理性行为对城乡地区农业生产、环境保护、文化遗产和可持

续发展所造成的不可逆伤害和资源浪费。这是为了确保优秀的乡村设计理念可以根植于全球的乡村发展中。通过这一方法，世界乡村发展委员会（WRDC）将为人类文明发展作出自己的贡献，并为全世界的人民带来福祉。

乡村地区是世界各地人类文明的摇篮。农业是全世界人类生存和发展的基础和安全来源，也是绿色和生态社会的希望所在。随着城镇化的深入，人们逐步意识到以自然为导向的城市环境和生态资源等问题，并进入了认可乡村价值和典型乡村设计的新阶段。联合国粮食与农业组织（UN-FAO）所提出的《全球重要农业遗产体系》、由联合国人居署颁发的"联合国人居署荣誉奖"、联合国科教文组织颁布的《世界文化和自然遗产以及人类非物质文化遗产》、以及联合国推出的"新千人发展计划"都充分体现了乡村文化遗产和可持续设计在现代变革中的价值。

令人遗憾的是，乡村设计中独特、全面以及前瞻性战略领域的品牌价值并未像城市设计一样得到设计学院和设计专业普遍的认可。

世界绿色设计组织是由中国和欧洲共同创建的，是致力于绿色设计、乡村设计以及全球发展的国际组织。世界乡村发展委员会（WRDC）的重点是问题解决型的、广泛的乡村设计方法，这有助于实现乡村文化、经济和社会的全面发展。它包括了乡村所有以可持续性为导向的设计活动，利用人类智能和知识来改变自然和自身，其中包括历史传承的传统设计和现代创新设计。这涵盖了众多的设计领域，诸如环境和生态，动物、植物和人类的共生关系，生产技术和产品，循环经济和生产消费体系，住宅建筑和日常用品，品牌文化和知识传播体系，社区管理和人才发展机制，技术应用，以及从设计理念、设计开发到设计实现的所有步骤。

我们确信，通过学习、思考、讨论和倡导典型的乡村设计、提高发展经验、加强交流和分享经验，我们将为子孙后代提供食品安全、更健康的生活、更美好的世界和可持续的绿色明天，并为广大乡村地区提供以公众和社区为基础的可持续发展设计。我们期待与各界人士共同努力，向更值得追求的目标和更美好的世界前进。

世界乡村发展委员会（2015）

中国文化部（今文化和旅游部）的蒋好书（Jiang Haoshu）女士负责组织和管理中国的世界绿色设计组织（WGDO）和世界乡村发展委员会

（WRDC），是她安排我在北京参加会议。她是一位在工作上充满活力并且具有推动力的女士，这也恰好例证了乡村设计的原则之一，"让妇女成为社区领导者可能会更有效地解决复杂的乡村问题。"蒋好书女士巨大的热情证明了这一原则对绿色设计、乡村设计和乡村文化遗产起到了巨大的作用，并且通过她对世界绿色设计组织（WGDO）和世界乡村发展委员会（WRDC）强有力的领导影响了这个世界。

目前，世界乡村发展委员会（WRDC）能为世界各地的乡村地区做些什么依然是未知的，然而，它首先需要通过国际的协作来促进乡村设计成为新的设计学科，这会将设计理念和设计中的问题解决过程引入到乡村问题中来。我希望可以努力找到一种方法，以改善世界遗产名录中的乡村农业景观的未来，以及使乡村景观遗产和乡村未来在保持乡村文化传统的同时也能适应 21 世纪的技术，同时为乡村人口在快速变化的世界中创造发展机会。

在开幕式上，位于罗马的世界农业遗产基金会发起人和主席帕尔维斯·库哈弗坎（Parvis Koohafkan）生动地阐述了他们通过政策和技术援助、网络、研究、培训和教育来促进和保护可持续农业和乡村发展的使命，以及对世界农业遗产体系和景点进行的保护和动态沟通。他们的目标是支持各区县以及联合国粮食和农业组织，建立重要的国际平台，以确定和认可并保护世界各地的"全球重要农业遗产体系"（GIAHS）。

这些全球重要农业遗产体系（GIAHS）被联合国粮农业组织（UN FAO 2002）定义为"农村与其所处环境长期协同进化和动态适应下所形成的独特的土地利用系统和农业景观，这种系统与景观具有丰富的生物多样性。"全球重要农业遗产体系（GIAHS）将其描述为：

1. 山区水稻梯田农业生态系统

2. 多熟种植 / 混养扇形系统

3. 下层植被耕作系统

4. 游牧和半游牧农林牧系统

5. 古代灌溉、土壤和水利管理系统

6. 复杂多层次家庭花园

7. 海平面下系统

8. 部族农业遗产体系

9. 高经济性作物和香料体系

10. 狩猎采集体系

体现全球重要农业遗产体系（GIAHS）标准的乡村农业系统包括：

- 智利智鲁岛（Chiloe）上的智鲁农业系统（Chiloe）。这是智利南部的一组岛屿，以种植各种地方品种的马铃薯为基础，数百年来一直延续这样自然的农业实践。

- 秘鲁库斯科普诺（Cuzco-Puno）走廊的安第斯（Andean）高原农业系统。这是由印第安人开发的梯田种植系统［像在马丘比丘（Machu Picchu）一样］，提供了可耕作的耕地来控制水土流失，可以在霜冻的夜晚对庄稼进行保护。

- 菲律宾的伊富高（Ifugao）水稻梯田。这个梯田是一个具有 2000 年历史的有机稻田耕作系统，随着时间的推移一直用于水稻的生长，与水资源管理和工程具有非常紧密的文化性联系。

- 中国青台县的稻鱼文化。这是一个鱼池与水田的集成形式系统，可以实现基本的生态学功能。

- 中国哈尼族的水稻梯田。这个梯田已经由哈尼族人民耕作了 1300 多年，形成了一幅由森林、村庄、梯田和河流组成的景观，利用村里的废物和污水为稻田施肥，同时为村民提供水力发电和净化水。

- 中国万年县传统水稻文化。他们所使用的经验是由数百年来在水稻秧苗准备和移植、田间管理、收割、存储和加工方面积累而得。

- 突尼斯马格里布（Maghreb）的绿洲。这个沙漠中的绿色岛屿为村落提供了复杂的灌溉系统，并通过出售椰枣来获得收入。

- 肯尼亚和坦桑尼亚的马赛（Massai）游牧系统。这是一个古老的草原游牧系统，在环境脆弱的地区，周而复始地维持着社会冲击下环境的平衡。

这些农业遗产体系遗址所代表的农业体系同时呈现出了地方和全球意义上的显著特征。然而，气候变化正在对这些体系产生负面影响，因为发展中国家的绝大部分农民都仅在小块土地上进行耕作，勉强维持生活，他们往往还要面对边境上恶劣的生存环境。不过，世界各地的这些农业遗产体系提供了许多如何在 21 世纪与土地共生的方法。我们需要了解的是，如何利用农业遗产体系的方法应对气候变化，而不是过度依赖外部理念和技术，那些既不合理也不持续的方式将会导致这些农业遗产体系面临消失的厄运。农业遗产体系让我们意识到农业发生的变化，许多的农业遗产地并没有被看作经济资源，实际上它们的价值远远超出了其生产的粮食。需要应对的挑战是，找到新的方式为农业遗产体系实现价值，找到更多的市场让消费者认同产品的文化特性，促进适当的生态旅游使当地农民能够延续他们的传统。

乡村地区创新技术的案例

以下是乡村地区创新项目的三个案例，这说明了在促进可持续发展和提高乡村生活质量的同时，还可以培养乡村社区的创业能力和创新精神。第一个案例是中国乡村地区为其居民接入高速互联网的设想；第二个例子是在明尼苏达州乡村地区建设的一个生物能源项目，使用农业废弃物为城市和乡村提供电力；第三个是波兰弗罗茨瓦夫（Wroclaw）环境与生命科学大学景观设计学院的项目，是基于风力农场的乡村地区文化景观的研究。

中国乡村高速互联网的接入

这是玛丽·安·雷（Mary Ann Ray）和罗伯特·芒吉里安（Robert Mangurian）在密歇根大学进行的一项针对中国乡村的研究项目。他们基于对北京乡村地区的研究，在《对于中国乡村的进一步可持续发展的研究》一书中，收录了对上水沟村①（自2007年起）若干年来的分析和设计的研究成果。上水沟村位于珍珠峡谷上游，隶属北京市延庆区珍珠泉乡（位于大北京地区，距长城以北40分钟车程）。他们将研究意图描述如下：

> 今天，每十个人中就有一个居住在中国的乡村地区。建筑学的大部分研究都聚焦于城市和城镇化。这个项目试图通过设计将人们的注意力转向乡村地区，使其成为21世纪更适合和可持续的居住地。如果乡村地区无法幸存，乡村居民会涌入城市地区，这意味着在未来的15年至20年内，要扩张至美国现有所有城市的规模来接纳这些人口。这会导致城市缺乏规划或没有规划，成为"快速喧嚣爆炸的城市"。
>
> 项目的设计构想通过两种方式来解决人类栖息地的可持续性问题。其中一些借鉴了中国乡村环境已有的高度可持续性，并建议将其以新的形式引入到当代城市生活；同时，另一些项目提出了新的可持续发展的对象和空间，旨在推进乡村地区向前发展，并使其成为和城市一样适合人类生存的居住地，即使它们作为21世纪的人类生存环境，可能不如城市那么便利。

---

① 上水沟村，此处原文为 Shang Shui Guo，位于北京市延庆区珍珠泉乡。——译者注

图6.1 云概念将高速互联网服务引入偏远的中国乡村，上水沟村

与乡村地区合作的专题研究之一，是一个充气的半透明气球的设计，可以作为该社区的现代视觉符号漂浮在村庄上方，同时为村民提供免费的无线上网（图6.1）。团队对此项目的介绍如下：

"云"：村庄在线是一个长40英尺的发光半透明气球，可为一个村庄提供无线网络（图6.2）。世界各地的乡村居民被剥夺了上网的权利；被剥夺了成功通向创业、教育、以及大千世界和与在城市工作家庭成员沟通以及娱乐的权利。因此，云移动信息在减少人们交通和迁移需求的同时，增加了他们的流动经济性。气球是由一系列半透明纤维尼龙三角形单元组成的，其中装有标准乳胶气象气球，可以升入空中。它看起来像云，但也非常像现代技术的产物，为这个村庄带来了21世纪的体验。在夜晚，它会发光并照亮黑暗的村庄（图6.3）。白天，它的阴影可为村庄的公共空间遮荫。

134

我们将向政府官员介绍这个项目，并对在珍珠泉乡的安装规模给出建议，随后将在中国乡村更广泛的地区推行。当前，地球上每十个人中就有一个生活在中国乡村，而"云"可能对他们的生活产生直接而重大的影响。通过使用廉价的实用解决方案为乡村地区提供互联网服务，此项目已得到了政府的关注。"云"所提供的解决方案并不需要许多昂贵的物理公共设施。在 2015 年 6 月，"云"在美国进行了测试，在经过政府批准后，将在中国的上水沟村进行测试和安装。

这是一个非常有趣的项目，同时对设计师们来说也是一个杰出的例子，设计师将这种设计理念带到偏远的乡村地区，可以通过高校的研究推

图6.2 黄昏时刻村庄上方的"云"

135

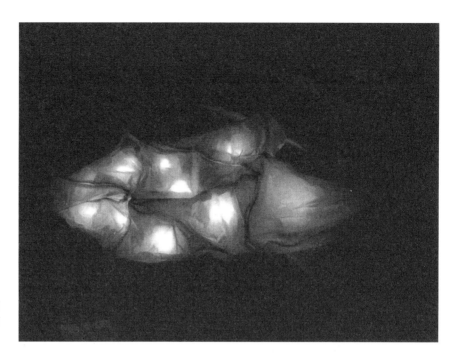

图6.3 夜晚时分村庄上方的"云",成为村庄的通信焦点以及视觉标志

广到世界各地。玛丽·安·雷和罗伯特·芒吉里安进行类似的研究工作已经超过了15年。他们为"云"项目所组建的团队中包括来自美国密歇根大学的工程师,以及来自密歇根大学信息学院和中国清华大学的代表。

明尼苏达州的农业废物能源

位于明尼苏达州勒苏尔县(Le Sueur)附近的家乡生物能源设施(Hometown BioEnergy)由明尼苏达州市政电力协会(MMPA)开发,可满足州规定的可再生能源标准。明尼苏达州市政电力协会(MMPA)与阿万特(Avant)能源有限公司(明尼苏达一家创新型能源管理公司)共同合作,于2013年规划、开发并建造了此设施。阿万特能源有限公司负责该设施的运行。目前此设施可以从罐头工厂的植物加工废料中生产能源,并可以从家畜粪便的厌氧消化过程中生产沼气能源,带动发电机发电。这一生产过程的副产品还包括售回给当地农民的液体肥料,以及未消化物质干燥后制成的固体燃料,它们可出售给其他使用生物或燃煤设施的用户用以来焚烧锅炉。

在美国乡村或明尼苏达州,这种类型的可再生能源并不常见。因此,阿万特能源有限公司必须与社区紧密合作,并大力推广该项目。我作为建筑设计师,和景观建筑师杰夫·麦克蒙尼明(Jeff McMenimen)一起参

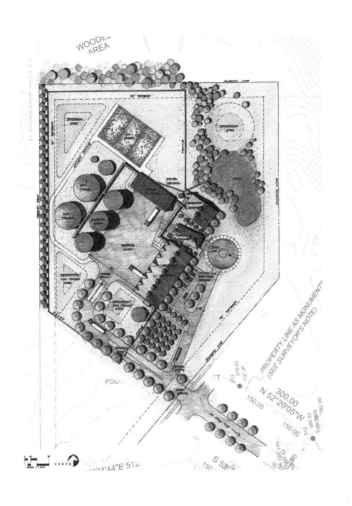

与了前期的设计工作，当时我们建议将生物设施布置在主要公路沿线社区的入口处。这一位置非常突出，具有成为该城市大型工业园区的巨大潜能，设计不仅需要满足生物能源设施的功能需求，而且还需要凸显社区的形象。图6.4和图6.5所示的总平面图和场地标高是由麦克蒙尼明和我为其设计的。

137

由于预算和区位的问题，后来设计场地转移到社区外一个废弃砾石坑处，阿万特公司专注于工程方法的开发，我们也不再参与其中，但是仍有很多建筑学的想法被保留下来。由于农业是明尼苏达州最大的产业之一，因此利用农业废物来生产能源再合适不过了。由于公用事业需要满足可再生能源的强制标准，因此在应对能源需求方面，生物气体能源生产灵活性的优势远超过太阳能和风能。明尼苏达州电力协会是明尼苏达州11个乡村城市的合资企业之一，他们很好地执行了这一强制标准。阿万特公司负责明尼苏达州电力协会能源系统的管理，基于此设施的设计和工程方式，他们可根据价格波动调整电力生产的规模，并从中获益，在需求旺盛时出售，在需求量低时减少生产。

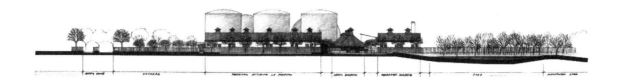

图 6.5 从高速公路方向看
家乡生物能源设施的立面

图 6.6 家乡生物能源设施
正面入口照片，建造在勒
苏尔南部废弃砾石坑中

图 6.7 冬天的家乡生物能
源设施的背面

138　　　　家乡生物能源设施公司的厌氧消化池位于勒苏尔社区南部（这个小镇
是绿巨人公司"Green Giant"的发源地，加工生产甜玉米和豌豆罐头并提
供废料），是美国最大的生物能源厌氧消化池系统（图 6.6 和图 6.7）。此
设施拥有两个 160 万加仑的消化池和三个用来储存推动发电机发电气体的
巨大圆顶构筑物。由于大部分电力供邻近人口规模 4000 人的勒苏尔镇使
用。因此设计并不需要连接到大型输电线路上。

139　　　　阿万特公司不遗余力地将社区纳入设计过程中（这也是乡村设计的重
要原则），并与农业景观相互融合。通过生物过滤器处理恶臭问题，消除了它们所产生的挥发性有机化合物。自2013年开设以来，这个项目被社区接受并获得广泛好评，还在2014年被评为美国位列前五位的可再生能源工厂。家乡生物能源是唯一一家利用农业废料而非太阳能、风能或水力获此殊荣的工厂。

这个项目说明，可持续发展问题需要关联性的思维。很明显，建筑师所设计的净零能源太阳能建筑无法单独完成任何全球碳排放量的减少——尽管它也是解决方案之一。真正的影响在于公共事业公司利用可再生资源为当地和地区所提供的电力。家乡生物能源设施正是这样一种尝试，寻求机会通过可再生利用资源（风能、太阳能、水力和生物能量）来产生电力，并且成为其他公用事业机构的榜样。这些机会也应该和农业资源一样，被牢牢抓住。

波兰的乡村景观与建筑

伊雷娜·涅季维茨卡-菲利皮亚克（Irena Niedzwiecka-Filipiak）是弗罗茨瓦夫（Wroclaw）环境与生命科学大学景观建筑学院的院长。20多年以来，她一直致力于波兰乡村变迁的团队学术研究。她的研究工作涵盖广泛的历史景观研究和区域发展规划。她曾引入"乡村景观识别标志"的概念，并详细阐述了它在未来地区发展中的使用方式，与此同时她在波兰创建了"最有趣的村庄网络"。她还对风电场的最佳位置进行了景观分析，目前，她正在研究城市近郊绿色区域管理系统方法的可行性。

她还与本地社区合作，积极参与波兰乡村复兴计划。2015年，在科希丘什科（Kosciuszko）基金会的资助下，她受邀到明尼苏达大学乡村设计中心作访问学者，我在书中邀请她描述了她在波兰的研究：

> 波兰的乡村地区占全国的93.1%，乡村居民占全国的39.4%。当前的决策与解决问题的方式决定了这些居民的未来。波兰的主要问题在于缺乏对现有资源的梳理，而只有这样才能直接了解问题所在，从而制定促进这些地区积极发展的政策。政策包括满足居民的实际需求、确保区域的多样性，以及保留乡村地区有别于城市景观的特色。乡村曾是农民赖以生存的居住和工作环境，然而现在只有少数农民居住在此，并以耕作为生，其他人都依靠非农业收入。

140

> 对于投资者来说，具有法律约束力的文件是地方发展规划。这些规划地区约占波兰国土面积的30%。并且大部分分散在波兰各地，这

些地区是根据特定的投资而划定的，因此并未覆盖较大区域。而且这些规划往往以住宅开发为导向，并不会考虑统计学上人口数量的下降（人口减少与社会老龄化）或是适当的公共空间配置（包括乡村居民的娱乐休闲区）。另一方面，正如我们所见，城郊地区建设开发的压力日益增长，同时也带来了旅游业和产业的吸引力。在这种情况下，无序的开发往往会导致开放空间的侵蚀，开发区建筑容量过于饱和且绿地匮乏。

弗罗茨瓦夫的"城市功能区绿色公共设施"项目是我们乡村设计工作方法的一个案例。该项目由弗罗茨瓦夫环境和生命科学大学的研究设计工作室在2014年开始进行，它是经区域发展研究所（Regional Development Institute）委托，并由团队在"弗罗茨瓦夫功能区功能凝聚力研究"项目研究框架下进行，由欧盟的"技术援助项目"（2007—2013年）提供经济支撑。

在研究框架下，对现状的一手详细调查以及研究团队的原创分析研究，形成了寻求解决方案的基础。研究涵盖了由3个城市组成的弗罗茨瓦夫大都市区（其中包括弗罗茨瓦夫市），10个城乡地区（urban-rural municipality），以及16个乡村。整个项目涉及面积约为4100平方公里（弗罗茨瓦夫市290平方公里，城市周边地区约为3800平方公里）。该区域约有100万居民（弗罗茨瓦夫市有631400位居民，城市周边地区有372300位居民）。除弗罗茨瓦夫市以外，目前还有12个其他地区享有市政权限（城镇特权）[①]。

项目的目标是确定绿色公共设施的布局，这将极大有助于区域结构的建立。项目旨在确保地区的环境价值免受建筑投资的影响，最重要的一点是，保障绿色开放空间免遭侵蚀，并保护居住地附近的环境资源。因此，在土地管理中对上述相关内容草拟了初步准则。

141

弗罗茨瓦夫功能区位于波兰的西南部（图6.8），大部分都是平原地区。区域结构为纵向型，这是由其自身区域地理的特征和主要河流奥得河（Oder）的流向所决定的。除奥得河（Oder）之外还有维达瓦河（Widawa）和沃瓦河（Oiawa），均流经此地。

在寻求最佳解决方案的过程中，作者分析了植被覆盖率和地表水的结构，并考虑了如何保护它们。随后，他们将保护区与生态走廊

---

① 此处原文为 urban-rural municipality（townprivileges）。——译者注

图6.8 波兰研究地区的区位，包括弗罗茨瓦夫市（Wroctaw）功能区和帕克泽罗市（Paczkow）行政区

的边界叠加，与包含高度绿化斑块和地表水区域的简化模型共同合成了地图上的数据。最后，他们通过叠加方法来确定初步结构的主要元素，形成了包括奥得河（Oder）、维达瓦河（Widawa）和沃瓦河（Oiawa）以及河流的植被复合体，以及杰芝卡（Jerzyca）谷地景观公园在内的系统轴线。弗罗茨瓦夫的城镇化区域明显变得狭窄，形成沙漏的形状。此横跨结构形成了三个不同等级的绿化环，将许多分散和断裂的元素尽可能地相互连接（图6.9）。

目前由于某种原因，其中两个绿化环的连续性已被打断，不过今后还会得以恢复。此外，他们根据其他河流和现状绿化要素，对楔形结构进行了设计，其目的是改善未来的整体系统。根据对每个城镇的研究，作者分别确定了绿色公共设施以及它们之间空间的主要功能要素（图6.10），这些空间在研究项目中被称为"单位"。此系统与城市内部的绿色系统互相联系。

第一个绿化环在城市建成区和乡村地区之间起到过渡和界定边界的作用。这意味着要把公园和高度绿化地区结合起来。所有的绿化环的第一要务都是生态功能，但是对于弗罗茨瓦夫的居民来说，第二和第三个绿化环还具有日常的休憩娱乐功能，第三个绿化环甚至还可以进行多日的短途旅行。

142

143

图6.9 弗罗茨瓦夫市功能
区绿化环内绿色公共设施
的布局草图。此系统的主
轴线由弗罗茨瓦夫市城市
建成区内沙漏形态的狭窄
地区构成，位于主要空间
元素系统中的奥得河及其
支流的交汇处

生态农业是这里的一个特色，健康食品制造和当地农产品销售也
是非常有吸引力的元素。绿化环与生态枢纽之间建立了联系。结构主
元素之间的空间又被称为"单位"，计划用于开放空间、农业生产、
高度集中的建设区域以及内部的商业活动。在实施和执行这些概念
前，必须提前与地方政府、商界人士，以及最重要的，与当地所有感
兴趣的社区共同进行详细的研究和准备工作。

（个人交流，2015 年 11 月 21 日）

伊雷娜·涅季维茨－菲利皮亚克（Irena Niedzwiecka–Filipiak）在她的
研究工作中同样也侧重于景观的第三维度，例如亦由她主持的另一项帕奇
库夫市（Paczkow）文化景观研究。该研究确定了帕奇库夫市区内风力农

图 6.10 弗罗茨瓦夫市功能区内的绿色公共设施简图

场的位置。她是这样描述这项研究的:

迷人的帕齐库夫市(Paczkow)位于苏台德(Sudety)丘陵地区和奥特穆胡夫(Otmuchow)山谷之间。它位于丘陵所围绕的起伏地势上,附近有人造水库奥特穆胡夫(Otmuchow)湖和帕齐库夫湖。由于其保存良好的城墙、历史悠久的街道和价值珍贵的遗迹,帕齐库夫市经常被称为波兰的卡尔卡松(Carcassonne)。该研究具有特殊的价值,而且十分有趣,不仅分析了传统文化和自然遗产价值,还考虑了当地开放空间景观的视觉价值。此研究所提出的评估方法含有四项评估标准:投资计划和减免区域的数量、土地覆盖的多样化、居住要素的复杂程度以及地区的特殊性程度。

144

145

农作物多样性可以对地表结构的多样性产生影响,还可以丰富地表色彩,增强景观吸引力。同样,地势起伏、景观深度、居住地与高度绿化区和道路绿荫之间的视觉关系亦是多样化因素,有助于提高该地区的景观和视觉价值。基于对都市区内自然和文化资源的分析与评估,该地区的东部被指定为适合风力农场的区域。需要注意的是,地方政府提出在整个地区安装 64 台风力发电机,却不考虑景观和视觉

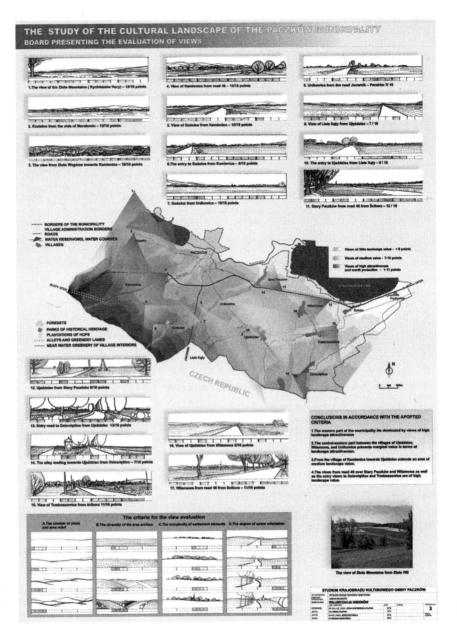

图 6.11　帕克泽罗市关于风力农场区位的系列透视草图之一，展示了对文化景观的研究

价值，这个决策势必会影响该地区旅游业的发展（图 6.11）。

伊雷娜对乡村设计的热心参与，让我了解到她和同事们为波兰所作的出色工作。她努力寻找一种可以将波兰的城市与乡村联系起来的设计方法，通过绿色公共设施、旅游和文化遗产的概念来打造乡村景观的典范。第一个项目即将在波兰的景观建筑杂志上发表，读者可以参考杂志来更深入了解他们的方法（Nied£wiecka-Filipiak 等，2015）。

乡村的未来

这些位于世界各地的创新技术项目在改善乡村环境方面的目标不尽相同，但它们都提出了一个相同的问题：乡村地区的未来会怎样？与美国和世界其他许多地区一样，生活在明尼苏达州的人们想要知道在未来20年或50年内乡村特色会发生什么样的改变。随着人口的快速增长，人们将在哪里生活工作，会对城乡地区产生什么样的影响？例如，到2050年，明尼苏达州的人口大约会增加到100万，而关于这些人口的居住和工作的重要问题，尚未得到州政府的重视。

不过，明尼苏达大学乡村设计中心正在研究这些问题，涉及明尼苏达州全域范围的乡村社区。他们通过观察思考以下的重点问题，以高校的学术方式使乡村居民努力塑造他们自己的未来：

• 城市与乡村地区的人口均显著增长，缘由是外来移民的多样化和老龄化。

• 州内各个地区的乡村景观都是根据特定的经济思路进行开发的。伴随着新的机遇和需求涌现，什么样的知识积累能帮助州政府意识到未来景观的经济潜力？人们想要在哪里居住？

• 对于未来的经济，乡村设计和区域的方法该如何支撑重要人口（家庭、年轻人、老年人）的需求，从而维系学校、医院、企业和教会等锚机构[①]？

• 在未来愿景和协同经济中，如何将交通需求（公路、铁路和河流）严谨地纳入公共服务设施的范畴？

• 如何提供良好的教育以振兴经济？如何将当地学区与高等教育更好地联系起来？

• 小型乡镇与区域中心的关系是什么？明尼苏达的区域中心与双子城大都会区的关系是什么？

• 如何利用各地区的土地资产塑造一个良好健康的未来？

• 明尼苏达州有幸拥有四个呈对角线的不同生物群落。该地区的这种独特地质和景观特征需要在哪些方面保留并增强？

• 如何为创业与投资基金提供机遇，用于支持和加强环境保护、经济发展和提高生活质量，并且让后代也如此延续？

---

① 锚机构（anchoring institution），指嵌入社区，作为社区的生活、经济和社会发展必备要素的非盈利机构，通常包括医院、学校、教会等。——译者注

142   建筑与农业：乡村设计导则

乡村设计是设计理念的体现，它是从乡村经济到产业经济，再转变为设计经济的一部分。设计经济被解释为一种培养民主思想和信息自由的概念；其实践有助于创新创业精神蓬勃发展的社会与商业环境。为了支持设计经济，现任大都会设计中心主任的明尼苏达大学设计学院前院长托马斯·费希尔写道："什么样的设计可以真正帮助我们思考创新、脱离禁锢，将世界不仅视为逻辑、理性决策的结果，同时还可以看作对现实情感与深刻文化的反映，这与事物的外观和给予人的感受有莫大关系。"（费希尔，2013）

乡村设计作为一个解决问题的过程，可以创建模型使乡村地区了解其资产状况，利用技术手段，通过区域合作，整合产品生产服务，以保障乡村经济的可持续发展，从而改善环境，提高生活品质。

理查德·佛罗里达（Richard Florida）把善于利用新颖思路与概念的人们称为"创意阶层"。他在一篇文章中指出，越来越多的企业已经意识到，多样性在招聘和任用创意型员工方面的重要性，但是大多数官员却不了解这层关系。能够成功吸引并留住创意型人才的地方才更有可能获得繁荣昌盛。这些地方的人才通常更为多元化，其环境质量也更高。同时，这些地方对新的外来移民的接受程度也更高，并且这些移民能够迅速融入各种各样的社会和经济环境。佛罗里达（Florida）认为，创意型人才会在各个方面表现出其价值的多元化。他们会享受各类音乐，也会尝试各种不同的食物。他们会与形形色色的人接触并交往。此外，创意型人才还非常重视户外休闲活动，会更中意于有着更多户外活动场所的社区。对于小城镇和乡村地区来说，接受外来移民的开放度非常重要，为了吸引并接纳创意型人才，它们必须创造这样的机会，以实现他们的社会价值（佛罗里达，2012）。

社会资本的重要性不容忽视，它通常被描述为两种类型：连接不同群体的外部桥梁，以及同类群体间的内部联系。这两类社会资本参与到社区、多元化人才以及专业学术知识时，才有可能产生令人振奋的结果。

乡村发展往往被看作一种"外部"现象，乡村地区会聘请专家提出改进意见，并为具体方案提供指导。例如，如果一个乡村型城镇想要建立一个工业园区，以发展新型企业和增加就业机会，通常会聘请设计过其他城市工业园区的城市顾问来制定规划。即便社区也参与到规划过程中，但所推荐的规划反映的往往是城市顾问的想法与技巧，而不是该地区独特的土地资源和居民的价值。由外至内的规划可能会有好的思路，但往往缺乏必需的社区支持。

另一方面，"内部"驱动的乡村发展则更有可能获得社区的支持，并在战略方面达成共识，但在实施方面可能会碰壁。例如，如果区域工业园区是经济发展的目标，那么乡村地区可能会形成一个非营利性实体或政府机构，担当协调和管理园区招商和建筑施工的工作。这个角色通常会成为当地商会的一部分，尽管出发点是好的，并可能获得当地政府的大力支持，但就创业和产业扩张来说，真正的机遇和创新的选择可能会被当地企业所忽视。

只有在包容和培育系统性的整体思路时，才能最好地实现乡村发展。以经济开发区的区域工业园区为例，采用以社区为基础的乡村设计方法，首先需要对区域土地资产进行调查和评估，找到经济发展、教育、金融、旅游、以及生活品质之间的联系；随后通过社区研讨会来确定它们对于社区空间的价值。通过以社区为基础的乡村设计方法，规划师和顾问可以与居民协作，讨论出所有的可能性，提供替代方案并为区域工业园区谋划愿景，形成社区社会、经济、环境、政治和文化结构不可分割的一部分；最终，以区域资产为愿景目标的"工业园区"会被社区重新审视，成为一个代表性的"创新中心"，它包容创业精神和市场技术创新，促进人才多元化，这些都是在全球经济中有效的竞争方式。

最后，乡村与城市的未来是完全相互结合的，这可能也是我们所处时代最严峻挑战之一。托马斯·福斯特（Thomas Foster）和阿瑟·盖茨·埃斯库德罗（Arthur Gets Escudero）在《作为人口、粮食和自然景观的城市区域》（*City Regions as Landscape for People, Food, and Nature*）一文中讨论了这一问题，他们认为城市和乡村并不处于对立面。他们还写道："以往那种城乡二元结构的发展模式已经无法再继续。现在需要更周全地考虑城乡在各方面的联系，加强互助互惠的关系，促进资源、人口和信息的流动。"（福斯特和盖茨·埃斯库德罗，2014）

高等教育的挑战

明尼苏达州立大学举办了一项名为"大挑战"的创意竞赛，邀请各院系参与，以激发明尼苏达州大学生们的想象力，明尼苏达州大学作为赠地大学之一，必须在解决全球性问题方面占得一席之地。关于未来的城市与乡村的联系，我提出了一些自己的看法，总结如下：

在这个快速发展变化的时代，对于明尼苏达大学来说，成为联系城市和乡村未来的全球领导者是一项卓绝的挑战。伴随着经济的飞速发展，人们从乡村迁移到城市地区，全球城镇化速度不断加快，城市发展无序蔓延、扩张到乡村地区，城市周边许多良好的农田逐渐消失。到 2050 年，地球上可能新增 25 亿人。这些人口将在哪里生活和工作？在不影响子孙后代利益的前提下，土地建设该如何适应当前的需求？

设计和设计理念是大学的重要资源，它将多学科的技术、创造力、创新和创业精神结合在一起，以有限的方法使乡村和城市的土地和水资源得到更好的形态和利用，以解决气候变化、食品安全、可再生能源，以及人类、动物和环境健康等关键性问题。

149

这项"大挑战"的结果尚未由明尼苏达大学最终评出，在阅读了 130 份各院系的提议之后，似乎还有进一步改善的空间。食品生产和安全越来越为城市和乡村居民所认可，并且能够满足大部分城市人口的需求，而且从某种方式上来说，有助于整合城市和乡村地区需要讨论解决的问题。

设计是一种态度，它反映了气候、文化和场所，这个场所包含了城乡建筑师、规划师、景观建筑师、系统管理者和政策制定者，他们改善（城市和乡村）社会、经济和环境的健康，同时减少碳排放量以及对矿物燃料的依赖性。对于高等院校来说，这可能也是一个机会，从而认识到乡村设计是一门新型的设计学科，应当与城市设计进行同等重要的教学和讨论。

时间将会告诉我们，明尼苏达大学将会作出怎样的评定结果，同时也会对如何塑造一个本土化而又全球化的世界给出答案，以应对当前的环境保护和改善问题，同时也让子孙后代有机会来管理和保护他们的环境。

第7章

过渡地带的景观

城市与乡村之间过渡地带的景观被称为"次城市景观"。它们是从乡村地区到城市用地的过渡地带，位于城市发展的外部和乡村环境之间。这里是城市和乡村问题碰撞的地点，次城市（peri-urban）是一个相对较新的指称，它试图在城市和乡村地区双方需求的影响下，定义自然、农业和城市生态系统的复杂性。随着城市扩张、扩展到农业景观中，这一边界是弹性的，并且瞬息万变。自起初建立社区和城市来满足人们的集体需求和城市生活动力时，次城市地区就已经存在。这些社区由于拥有安全的水资源、能源供应以及可生产粮食的肥沃土地，因而发展成为城市。随着不断发展，它们不计后果地扩张到附近的空闲土地，在如今的时代，由于乡村人口向城市地区转移，这一扩张过程在全世界范围内都在加速。

对于城市来说，要保持未来的宜居性和可持续发展，需要在次城市地区保留自然资源和农业基础，尤其是考虑如何塑造次城市景观，以应对日益增长的水、粮食和环境安全等问题，以及适应城市人口的增加。这一问题并没有统一的答案，因为所有的次城市景观是千差万别的。指导开发的导则应该有助于居民更好地了解他们的困境、挑战和选择。这对于设计师（建筑师、景观建筑师和规划师）来说是很好的机会，能够探索并讨论激发未来潜能与可能性的各种理念。城市农业可能是这一理念探索的重要组成部分之一。

由于以往形成的城乡二元结构，政府和机构（包括专业的设计师）通常会孤立地看待这些问题，城乡之间的联系几乎是割裂的。很多人在城郊地区生活和工作，依据各自的情况，有着不同甚至相悖的兴趣、习惯和爱好。很明显，需要为次城市地区提供不同的政策解决方案，而不是城市与乡村地区的开发解决方案，而且，这些工作都必须基于对土地同样的了解，并且从可持续性方面种植粮食，提供教育和健康服务，以及休闲设施、水资源、交通设施和建造人类生活工作必需的建筑物。

在世界范围内逐渐形成了这样的共识，将城市问题与乡村问题分开考虑，两者都无法得到充分的解决。它们必须联系起来，并被视为一个整体的系统。关于这个议题的第一次国际会议 ——"次城市景观 2014"会议，在澳大利亚西悉尼大学举办。会议组织者认为，水、食品、生态系统服务和宜居性问题将会被越来越多的国家列入首要日程，因为这些国家会努力确保饮用水的安全，并为农业、环境保护和休闲场所提供充足的用水。会议的目的是为决策者们提供坚实的循证知识，为他们所代表的公众带来适当和有益的成果。

组织者这样描述会议中关于次城市景观变化带来的自然资源竞争的讨论：

> 次城市地区是乡村地区到城市用地的过渡地带，它位于城市和区域中心外围和乡村环境之中。为了应对城市地区人口的增加，水和食品的安全问题日益受到关注。对城市来说，为了在未来成为宜居和可持续发展的地区，必须在城市周边的次城市地区保持自然资源基础和生态系统服务。

> 次城市地区的发展涉及将乡村土地转变为住宅用地，进一步划分土地，城乡的活动和功能将被打破，并发生变化。这些地区中的变化可能会对农业的生产力、环境舒适度和自然栖息地、供水和水质以及能源消耗产生重大的冲击。这些变化会对次城市地区自身及其相关的城乡环境产生影响。

> 在过去，城市和乡镇已经建设了安全供水和能源供应，以及用于粮食生产的肥沃农田。随着全球城市中心的人口增长和扩张，社区及其宜居性对于饮用水、能源和食品供应以及生态系统服务需求的压力也在不断增加。

> （次城市景观会议 2014）

会议的主题选择关注重要自然资源、社会经济、法律、政策和体制问题，这些问题不可避免地受到城市向次城市地区扩张的影响。以实证为基础的研究工作是讨论的重要组成部分，因为学术研究与政府机构制定政策所需的研究可能会有所不同。然而，以实证为基础的设计是将知识研究引入社会的一种方式，同时也能将其引回到待解决的学术研究问题上。图 7.1 说明了乡村设计中心所进行的设计对科学和社会的衔接作用。

《城市均衡发展》（*Balanced Urban Development*，2015）一书用了一整个章节来进一步说明未来城乡之间的联系，这本书是由约翰·特劳顿（John Troughton）和我在此次会议之后编写的（约翰·特劳顿参加了这次

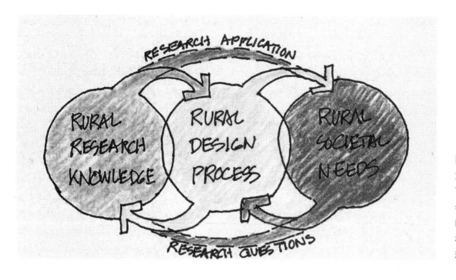

图 7.1 乡村设计中心的示意图显示了乡村设计过程可以在乡村科学与乡村社会之间建立联系。此图说明了实证设计的基础在乡村设计这门新兴的设计学科中起到了核心作用

会议）。书中的章节"乡村设计：通过乡村设计联系城乡未来"是这样总结的：

  随着经济发展，人们从乡村地区迁移到城市地区，全球城镇化速度加快，城市发展无序扩张、蔓延到乡村，城市周边许多良好的农田逐渐消失。当城市扩张时，城市设计和城市规划试图塑造城市的发展，但他们仅从城市的角度来孤立地干预。从乡村到城市地区的转变，以及次城市景观中城乡边界的土地利用，都需要从城市与乡村两方面的视角来进行空间布局，从而塑造、管理和维护居民所依赖的生态系统。

  世界各地的乡村地区正在经历人口、经济、文化和环境的深远变化，这为居民以及他们赖以生存的生态系统带来了巨大的压力和挑战。其中次城市景观是尤为令人关注的，城市在历史上以低密度向外扩张，需要大量的土地，这会造成基础设施和公共服务极大的成本消耗。

153

  乡村设计是从宏观和微观两个层面，将设计理念和解决问题的过程引入乡村问题的设计学科，同时在城市与乡村的未来之间建立联系。乡村设计是了解自然和人类系统动态行为的一种方式，将城乡地区的人类、动物和环境的复杂性以及可持续的动态结合起来，并进行概念化。

  由于世界人口迅速增长，乡村设计在气候变化、食品生产和安全，以及水资源达到临界值之前，为塑造乡村和城市景观提供了一种方法。通过空间管理和社区参与的视角，乡村设计可以在城乡边界将农业纳入现有的城市景观，融入食品、娱乐、经济和生态等方面。

乡村设计是培育乡村与城市社区合作的过程，可以在不影响未来的情况下塑造景观，为人类社区、满足居民需要的动植物产品、经济以及环境建立联系，并提供一个综合的体系。在城乡边界和次城市景观中尤为如此。

设计理念和设计的解决问题过程是战略资源以及创造力、创新性和创业精神的来源，可以找到限制开发次城市景观中土地和水资源的方法，使其得到更好的塑造和利用。这一过程被人类社区接受并利用，它可以对问题进行分析，寻求解决办法，并选择对未来更有利的解决途径，而且这一过程并不需要专业的设计人员参与。高等院校与社区进行合作，在设计的过程中将科学引入实际问题，同时这一过程也为学者们提供了新的研究议题。

乡村设计并不是一门科学，而是全面突破界限将问题紧密联系的一种方法，它催生了新的设计理念，并同时解决问题。它认识到，人类和自然系统是不可分割的组成部分，并且在不断的循环中相互影响和作用。乡村设计过程可以将科学带入社会现实，并且在此过程中定义新的研究问题。

乡村设计可以将知识跨学科整合，但并不直接参与研究，乡村设计师可以将研究知识进行转变，并应用于设计过程，有助于缩小科学与社会之间的差距，同时提高人类社区的社会、经济和环境条件。

乡村设计是一个解决问题的过程，并且还为解决乡村和次城市社会的需求提供了科学依据。从本质上来说，这一研究方向是跨学科的，需要公众与学术专家之间的对话，使学者们在进行研究时能够了解问题，并给出有效的解决方案。同时研究必须认识到，人类和自然系统是不可分割的组成部分，并且在不断的循环中相互影响，对城市和乡村都充分了解，才能对人类和动物群体所依赖的饮用水供应、能源和粮食供应以及生态系统服务等全球性问题作出充分的反应。

城市设计与乡村设计有许多相似之处，二者都包含设计理念中的独有特征，承认社会与文化价值可以提高生活质量。城市设计作为一门课程已经开设在大学院系中，但乡村设计却是一门新兴的设计学科，需要在全球高等院校中推广。

乡村设计是解决次城市问题及其需求的一种设计方法学。要有效开展这个任务并使其有意义，必须建立坚实的研究基础，其实践都是基于有效的转换变化后的数据。通过空间布局和社区参与的方式，乡村设计可以帮助公众来掌控这些变化，并且在此过程中还有助于重塑次城市景观，改善乡村地区的娱乐、农业、文化、经济和生态目标，提升城市与乡村的生活质量。

（索贝克和特劳顿，2015）

图7.2（来自书中同一章节）展示了城市与乡村之间的动态关系，以及城乡联系的巨大潜在机遇。此图表明，设计过程和设计理念是一种了解机遇和挑战的方式，各类设计师可通过前瞻的创造性和激动人心的创新理念，促进乡村地区的创业发展。

我们生活在一个飞速变化的时代，需要解决问题的设计方法在城市与乡村边界之间建立未来的联系。设计有助于在最大程度上减少变化带来的负面影响，同时可以提升经济弹性、社会互动和文化艺术多样性的正面影响。城镇化向乡村景观蔓延的同时，也增加了人与自然环境的接触，以及新型的动物传染病由动物传播给人类引起的担扰，这可能会对文明产生极大的冲击。可持续发展的未来需要私人企业在商品流通和服务方面，以及公共部门在界定土地利用和建立基础设施系统方面互相合作。这需要相关的高层决策者打破障碍并跨越壁垒，寻求最佳的解决方案，造福城市与乡村居民。

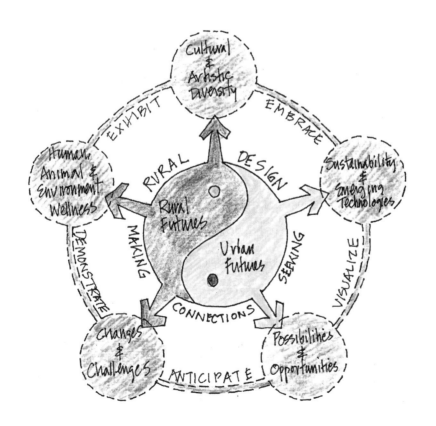

图7.2 书中章节的示意图说明了城市设计与乡村设计在塑造未来次城市景观之间的关系

建筑与农业：乡村设计导则

设计学科的困境

随着时间的推移，设计职业已经形成了专业的注册规定，以界定各个专业的范围和特征。结果是每个专业各自形成受保护的孤立学科，对于公共安全健康和福利都是分开进行考虑的。很少能有专业跨越障碍，从这些孤岛中走出，与多学科团队的同事们一起工作，从而解决复杂的设计问题。当他们在城市住房和商业项目上共同合作时，设计团队通常在本质上由追求经济效益的开发商组织并控制。在这种情况下，设计师通常会被认为是受到操纵的，以实现开发商的意愿（通常仅仅基于利益）。如果开发商考虑并聘请了多学科的设计师，那么将有可能实现良好的设计和建设。

设计院校实际上也导致了学科之间的孤立状况，各学科的课程都是彼此独立设置的，培养建筑师、景观设计师、规划师和工程师也是分开进行的。例如，在明尼苏达大学设计学院，3个系有5个不同的学科：建筑学院、景观建筑系，以及设计系、住房系和服装系。汉弗莱学院（Humphrey Institute）则对规划专业进一步细分，工程师们被以不同的培养方式安排到各个院系中。然而，当不同学科的学生抛开他们个人的专业身份，以一个设计师的角度进行思考并采取行动时，正如设计学院的前任院长托马斯·费希尔在大学出版物中所述，他们开始"独立、积极地思考，创造性地行动，并与所有希望融入的人士广泛合作，因为我们将会使世界变得更美好"（费希尔，2011）。

由擅长设计地标的个人建筑师所设计的杰出的独特建筑将会保存下来，当然，我们也需要继续在世界各地建造这样的建筑物。然而，真正应该采取的行动，是解决城市与乡村边界和次城市地区所面临的挑战，这些地区新的发展将城市农业和通常高于典型郊区的密度融合到可行的令人兴奋的设计概念中。这些乡村地区仍将作为主要粮食生产区存在，但这里的建设为建筑师们带来了相当大的挑战。它们有助于形成适应未来的生产加工的特质，与建筑、文化、气候和场所紧密联系，以适应城市与乡村人口的迅速增长。

这种设计的困境同样也影响了设计师对场所的看法。他们中的许多人通常接触的是城市问题、城市设计项目，以及城市学校中的设计挑战，这是他们要为大学中所学专业进行的准备。因此，即使参与乡村设计的研究，他们仍然常常将城市的观点带入工作。

在讨论城乡边界的次城市地区土地利用问题时，同时从城市和乡村两方面来考虑是非常重要的，城市农业在城市规划和设计中也越来越指向土地利用。本书的目标之一是帮助设计师重新从乡村视角来看待乡村问题，并在寻求设计解决方案的过程中开阔思路，勇于思考。城市专业人士在参与乡村项目时，通常会把他们的城市观点带入工作。为了更有效的工作，他们需要对乡村和其未来有进一步的了解。

通过我的第一本书和我在乡村设计中心的工作，我发现越来越多的研究生、年轻的专业人才以及世界各地的院校，都在文化和食品供应的理念框架下，更多关注乡村景观和乡村建筑。中国、波兰和爱尔兰的院校都希望获得资助，到明尼苏达大学来观摩我们的研究，了解乡村问题以及乡村设计如何成为一个解决问题的过程。

城市农业

近年来，建筑师、景观建筑师和规划师开始对将绿化融入建筑设计和场地规划的现象越来越感兴趣，由于可以进行碳吸收并贴近自然，住宅和商业建筑的垂直温室绿化以及融合性景观的项目数量飞速增长。爱德华·O·威尔逊（Edward O. Wilson）首先将其定义为"亲生命性"，他假定人类具有与其他生命形式交往的生物本能。世界各地的许多建筑项目都将绿化纳入设计和结构中，与大自然融合（威尔逊，1984）。

157

然而，城市农业却超出了亲生命性，将粮食生产与自然联系起来，城市农业建筑开发的一个绝佳例子是华盛顿的建筑师米森（Mithun）在西雅图的城市农业中心获奖方案（图7.3和图7.4）。他们描述了对城市农业项目的想法：

> 项目包括种植蔬菜和谷物的土地、温室、天台花园和养鸡场。垂直结构使得0.72英亩的土地上可以有超过1英亩的农田。项目的目标是自给自足，通过设置处理灰水①和收集雨水的装置，项目不再依赖城市供水。此项目将提供318个小型工作室以及一居室和二居室的经济型公寓。建筑在入口层设有一个咖啡厅，供应新鲜种植的有机食品。作为雨水收集和分散的场地，项目还会为周边社区提供服务，其所种植的农产品将分配给当地批发商，从而降低运输成本节约能源。

158

---

① 灰水（gray water），生活用水中污染较轻、可再次利用的水。——译者注

图 7.3 建筑师米森，华盛
顿州城市农业建筑方案鸟
瞰图

"生命建筑"这一理念背后的设计思维是设计并建造功能像生命体一样的建筑物——可以仅依靠周围的自然环境存活下去。

（建筑师米森，2015）

159 　　这个项目是此类设计方案的典范，但与许多最近提出的其他垂直农业建筑创意一样，除了意味着建筑设计中零碳排放和零能源消耗的"净零"概念，它并没有涉及更广泛的社会目标。同样，它也没有涉及此类设施建筑建造和运作的经济效益以及粮食的生产成本。不过，它确实让绿化融入建筑这一概念更进一步，这有助于减少大气中的碳排放（这是全球变暖的主要原因），并且在此过程中可以窥见，如果城市农业和自然成为城市设计和建筑的组成部分，城市将会如何呈现。

图 7.4 农场的人视图，展示了方案将绿化融入建筑的审美

近年来，景观设计师同样忙于在既有的建筑上布置屋顶绿化，并与建筑师一起为"亲生命性"的方案而努力，像在地面布置植物那样在屋顶绿化。如今的种植系统已经有了许多技术上的进步，在不增加过多负荷的情况下，使屋顶种植成为可能。通常所说的"绿色设计"其实只有部分是绿色的，因为这个词语代表的是一种碳排放和碳能耗的净零耗能的建筑设计，而绿色屋顶只是问题的一个方面。

弗里登斯列·洪德特瓦萨（Friedensreich Hundertwasser）是当之无愧的绿色屋顶运动之父，20世纪60年代初，这位奥地利艺术家在奥地利设计了几栋建筑。在他的项目中，最为引人注目的是奥地利施蒂里亚（Styria）布鲁茂丘陵（Blumau）中的温泉山庄。他为那些愿意接近大自然的人们设计并建造了一个住所，弧形的屋顶上覆盖着青草，一直延伸到地面上。

洪德特瓦萨是一个古怪的艺术家，他讨厌传统建筑，并对现代建筑和建筑师提出了相当多的批评，因为他讨厌直线。以下是他作品中的一些摘录（黑体字部分表明他写作的方式）：

因此天空之下一切的水平面都属于植物，人类只能在垂直面索求。换句话说，这意味着：**冬天落雪之处必定生长自由的本性。**

政府必须通过这样的法律，必须在房屋的整个屋顶表面覆盖1米厚的土壤，并且全部都是平整的土壤，包括加油站和教堂，还有火车站和办公大楼，尤其是工厂及其附属建筑。

我们所建造的房屋，必须有自然覆盖其上。我们有责任把毁坏的大自然融入建筑，归于屋顶。草坪屋顶同样具有生态、卫生和保温的优点。草坪屋顶可以产生氧气并创造生命。它可以吸收灰尘和污垢，改变地球。还有一个优点是可以吸收噪声。草坪屋顶可以调节温度，在冬季能够节约采暖材料，在夏季还可以保持凉爽。

160

（洪德特瓦萨，日期不详）

图 7.5 布鲁茂温泉山庄，洪德特瓦萨建筑项目，1993—1997 年间在奥地利施蒂里亚布鲁茂丘陵中。摄影：安雅·法里希（Anja Fahrig）。版权所有：维也纳洪德特瓦萨档案馆

在奥地利之外的地区，他的工作并不广为人知。但他建造的建筑以引人注目的方式说明了，将农业融入城市和次城市景观对于未来的新型设计理念来说是积极的。他在奥地利施蒂里亚的项目清楚地反映了他的理念，这个项目的建造也使用了弧形的绿色屋顶，这说明了他个人的创造力和热情所产生的影响（图 7.5）

图 7.6 澳大利亚大型工业玻璃温室。在现有的大型工业建筑屋顶已开始建造这样的玻璃结构，在某些案例里他们使用水耕栽培和养耕共生技术为城市市场生产蔬菜和鱼

当今城市农业的大部分建筑都独立地位于城郊开发区的工业温室。快速增长的城市人口对新鲜食物的需求量，需要城市农业形成与景观融合的住宅和商业建筑，正如洪德特瓦萨和米森设计的建筑那样，将用于种植粮食的商业温室融入城市现有的住宅和商业开发，以及未来次城市地区的设计和建造中。

对于粮食生产来说，水耕栽培、养耕共生以及室内农业是城市农业的其他形式，可以与温室结合。这些都是"本土膳食运动"带来的利益外延，这项运动推崇食用居住地半径 100 英里范围内生长的动植物，通常是在温室里利用水来种植粮食并养鱼。伴随着世界人口的增长，对粮食的需求量增加，这些在建筑物内部也能够办到（图 7.6）。水耕栽培和养耕共生是在无土情况下种植的延伸方法，使用水和营养液来支持植物和鱼类的生长。这个系统为企业提供了商业机会，可以全年在室内种植生菜、西红柿、草药、胡椒和其他食物。最近的一些设施涉及在仓库和其他工业建筑的屋顶安装温室，使用水耕栽培和养耕共生技术为城市人口生产食物。

自埃比尼泽·霍华德（Ebenezer Howard）在英国的"花园城市"运动开始，从各个方面将农业纳入城市景观的意愿逐渐强烈，他在 1898 年出版的一本书中描述了这个现象。这一理念是建立与自然和谐相处的城市，不过这仍是一个乌托邦的想法。如今，城市社区和次城市地区的环境选择了农业作为其景观的一部分，在经济、社会和环境方面更具潜力。通过这种方法，可以提升场所精神，增强社区自豪感。城市农业应该成为社区规

161

建筑与农业：乡村设计导则

划和公共政策的组成部分，正如住宅、交通、商业、公园和娱乐、安全政策和公共卫生一样，成为当下城市发展的一部分。根据花园城市运动的理念，城市农业及其建筑有可能重新定义人类、土地与自然资源之间的历史关系［诺德（Knowd）等，2006］。

在1925年的《卫星城建筑》（*The Building of Satellite Towns*）一书中，作者普尔东（C.B. Purdom）讨论了城镇和农业之间的历史关系。他写道：

162

> 没有人可以在忽视最重要的农业与城镇关系的情况下，研究古代和中世纪城镇规划。城镇规划的选址会考虑到食物供应的需求。希腊和罗马的城邦是形成城乡经济和政治的主体，所谓的乡村、城市和商业生活之间的健康互动，就是文明的最好特征。

> （普尔东，1925）

他继续写道：

> 城镇与乡村之间的敌对根本是毫无意义的，城镇就是农民的市场，是乡村让城镇赖以生存。两者之间应该有共同的利益，今天的城镇规划和扩张应当与过去一样考虑到其农业需求。

> （普尔东，1925）

城市农业是"花园城市"运动的一种形式，普尔东促进了城市周边的土地以及带状农业的发展，这被定义为"城镇周边农业用地与这个城镇有着直接且恒定的经济关系"。这是当前对城市农业最准确的描述，另一篇会议论文对其有更详尽的阐述：

> 这是一个包括了利益范畴的复杂系统，从生产、加工、销售、配送和消费等相关活动的传统核心，一直到其他未得到广泛认可的多重利益和服务。这其中包括了娱乐和休闲、经济活力和商业创业、个人健康和福利、社区健康和福祉、景观美化、以及环境的恢复与整治。

> ［巴特勒（Butler）和莫洛克（Maronek），2002］

他们主张，城市农业的定义还应当体现文化和伦理尺度的现代化。要如何塑造形成还有待观察，需要富于创造力和创新精神的建筑师、景观建筑师和规划师与艺术家、人类学家，以及农用林业、农学、园艺学、自然资源、生态学等方面的专业人士密切合作，分析、解决问题并发展相关理论。

　　根据预测，人口增长的加速至少会持续到2050年，而对农业景观的粮食需求可能会增长得更为迅猛。如果这个过程得以良好的管理和设计，良田被保留下来进行农业生产，这也将为乡村土地进行广泛的生态系统恢复提供机会。如果这样的发展态势能与适当范围内强有力的管理相结合，完全有可能在人口繁荣的同时扭转21世纪全球物种灭绝的趋势，达到他们预期的高度［埃利斯（Ellis），2013］。

城市与乡村边界的项目 163

　　最近在明尼苏达州，索贝克建筑师事务所为卡佛县（Carver）历史学会安德鲁·彼得森（Andrew Peterson）农庄编制了总体概念规划，对相关的城乡边界进行了重新设计。农庄在卡佛县境内（明尼苏达州双子城地区的7个县之一），位于次城市景观地区的中心，县城城区主要在县域的东部，农业区域主要在县域西部。

　　此规划的目标之一，是使农庄成为一个讨论城市农业与社区，以及城市扩张影响的公众论坛。从总体概念规划的视角来说，希望历史悠久的农庄能够促进讨论，作为现在和未来的某种手段，以塑造、管理和保留卡佛县城乡人民所依赖的生态系统。在卡佛县古老农庄的总平面概念图中，用虚线注明了城乡边界和农庄的坐落位置（图7.7）。

　　总体概念规划的总图展示了丰富的空间元素，人们可以从中了解卡佛县的历史发展脉络，以及安德鲁和埃尔莎·彼得森（Elsa Peterson）在19世纪中期如何作为农民从瑞典移民到明尼苏达。除此之外，此规划还说明了社区支持型农业（CSA）是如何运行的，以及城乡边界地区的食品供应安全对于快速增长的城市人口的重要性。这个方案规划了一个苹果园和蔬菜园，以及和安德鲁·彼得森所种植的同样的农作物，它们将被出租给城市农民，以种植农产品并在双子城农民市场上进行销售。这个城乡边界的农庄的未来将与过去保持一致。我必须补充的是，这一规划受到了来自明尼苏达州历史学会的批评，因为他们想在将来把它作为一个农业讨论的论坛，而并不想把重点放在历史保护上，他们坚持要求尽可能多的资金投入。这是另一个需要独立思考的例子。

　　尽管如此，12.47英亩（约5.05公顷）的场地被设计成向游客展示 164

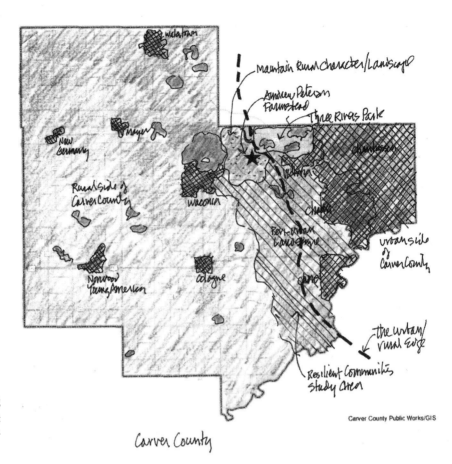

图 7.7 明尼苏达州双子城地区卡佛县的总图，显示安德鲁·彼得森农庄位于次城市地区的中部

像安德鲁·彼得森一样身居农场的感觉。他是一名瑞典移民，在 1855 至 1898 年间在这块土地上定居，其日记也被保留了下来。在他死后 50 年，瑞典小说家威廉·莫贝里（Vilhelm Moberg）依据他的日记写出了瑞典移民三部曲，包括《移民》（*The Emigrants*，1951）、《择良而栖》（*Unto a Good Land*,1951），以及《最后的家书》（*The Last Letter Home*,1961）。后来有两部电影改编自这些小说，即 1971 年的《大移民》（*The Emigrants*）和 1972 年的《新大陆》（*The New Land*）。安德鲁·彼得森也由于其园艺技能以及参与筹建明尼苏达园艺学会而备受关注。他与埃尔莎·英厄曼（Elsa Ingeman）结婚，连同他们的 9 个孩子一起生活在农庄中。图 7.8 是 1885 年全家在自家房前的合影。

　　游客可以从帕利湖（Parley Lake）公路进入，停车场可以停放 80 辆汽车，并设有巴士落客区。设计平面图（图 7.9）上标明了从大楼入口到中心位置的步行线路，可以进入到 1917 仓房（婚礼和活动设施），以及一个新的玉米仓库野餐点，那里曾用来储存玉米。当游客进入农庄时，游览变得更加随意和轻松，就像在 1885 年一样。游客可以跟随自助导览在

165

图 7.8 1885 年安德鲁·彼得森和他的大家庭在住宅前的合影

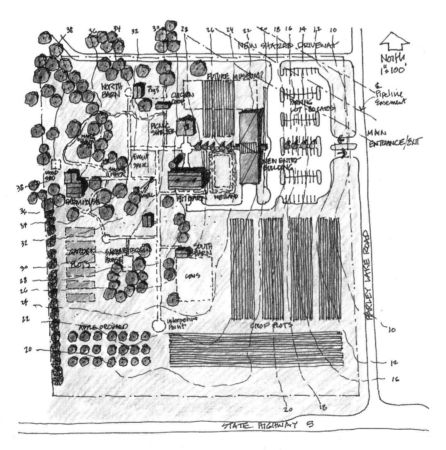

SITE PLAN

图 7.9 安德鲁·彼得森农庄的总体概念规划图，农庄得以保护并将转变为 21 世纪的城乡教育中心

　　　　　　　　建筑与农业：乡村设计导则

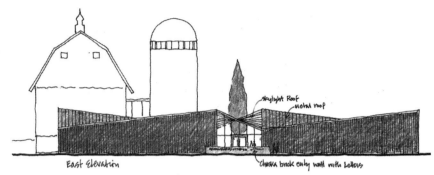

East Elevation

skylight Roof
metal roof

chosen brick entry wall with letters

ENTRY BUILDING yie:io'

图 7.10 历史悠久的安德鲁·彼得森农庄入口建筑，采用了低碳和净零能耗的设计概念

建筑和农庄中惬意游玩，全心感受安德鲁·彼得森曾生活过的农场。

新建的入口处建筑（图 7.10）成为一个诠释安德鲁·彼得森农庄及其遗产历史重要性的门户。入口处的建筑采用了净零碳排放的可持续设计理念，弧形的金属屋顶、金属立面和带天窗的大厅使其看起来像一幢历史建筑，但使用的却是 21 世纪的材料、技术和结构。建筑功能包括公共信息查询、票务、管理办公室、专业剧院、展览说明、公共厕所、场地维护车间和管理员公寓。

卡佛县还从明尼苏达大学汉弗莱学院获得了一份振兴社区的项目资金，他们将与来自这所大学的学生们一起，探索用于住宅开发和开放空间的土地利用的可能性，以保证在人口增加的同时保留农庄周边的乡村特色和景观，以及在次城市景观中生活和工作的概念。

乡村设计中心和大都会设计中心提出，需要重新思考城市与乡村边界地带的土地利用关系，明尼苏达双子城都市区的规划图（图 7.11）体现了这个理念，规划表明了 7 个县的城市区域以及 2015 年的发展范围。直到目前为止，双子城都市委员会一直通过 7 个县的地下管网系统的发展规模来进行规划发展控制。次城市地区的景观如图中所示，如果按照现在的发展趋势，其未来的密度可能会稍高于过去的独户住宅时期。次城市地区的未来是此规划的重点，预计会有一部分乡村用地被转变为城市用地，以提供多种开发密度的可能。此方案的第二张图纸（图 7.12）是双子城都市区的横剖面图，包含现在的次城市扩张地区，以及规划的 2050 年新型城市横截面，其中城市农业将会成为这个横剖面图中的重要部分。

虽然这个项目最终并未获得资助，但明尼苏达大学的两个研究中心还在继续讨论研究，重新审视次城市地区，尝试使用开创性的思维来帮助公众和议员确定未来的最佳行动方针。这些讨论中的一个重要组成部分是城市与乡村之间的联系，以及如何规划土地，以保障两者利益的可持续性。

166

167

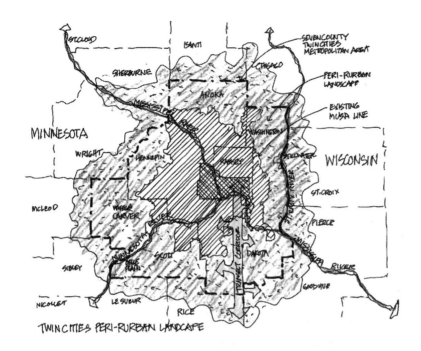

图 7.11 乡村设计研究中心绘制的双子城都市区区域图，显示了 2015 年建成区域和待开发的次城市景观

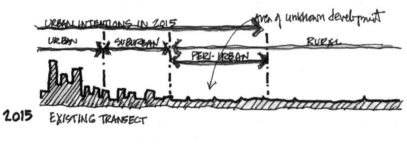

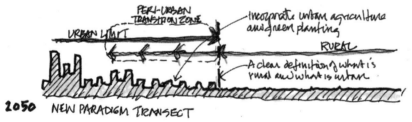

图 7.12 剖面图显示了 2016 年与 2050 年建设密度之间的潜在差异

　　城市农业将是未来城市土地利用的重要组成部分，城市、乡镇、县以至州都会在规划中将其视作经济、社会和环境方面极具战略价值的资源。如果他们不这样做，就可能减少当今以及未来在制定管理土地利用决策方面的更多可能性。在城市向乡村地区扩张的过程中，他们还承担了损失生产性土地以及社会和自然资本的风险。对于城市农业来说，这是重新定义城市和次城市景观的好机会。这的确是一项非常令人振奋的设计挑战，虽然它还需进一步被发掘探索，但这将对北美以至全球的可持续性和生态恢复力产生重大影响。

168

第 8 章
乡村的未来

我们滥用土地，因为我们把它看作属于我们的商品。当我们将土地看作我们所属于的社区时，就会开始用爱和尊重来使用它。

奥尔多·利奥波德（Aldo Leopold，1887—1948）

我们面前的任务是放弃在过去两个世纪所依赖的、既不健康也不可持续的生活方式，回归到我们作为一个物种的道路上来，记住我们曾了解、但常常忽视、却异常值得珍惜的财富，所有这一切都是免费且无限的供给：家庭、朋友、爱和学习，耕作与共同创造。

托马斯·费希尔（Thomas Fisher）（《避免未来灾害的设计之道》，2013）

今天，我们有机会将设计理念发扬光大，从而得以探索新的可能，创建新的机会，并为世界带来新的解决方案。

蒂姆·布朗（Tim Brown）（《设计改变一切》，2009）

全球的乡村地区都在经历飞速变化，并引发对于乡村社区未来问题的讨论，以及关于如何把城市社区以及它们的共同未来联系到一起。我希望读者可以得到启发，利用设计理念和解决问题的设计方法来解决他（她）所面临的任何挑战，并有机会解决城市、乡村地区或城乡边界地区的土地利用问题。解决问题是设计过程的核心，旨在找到相关目标和愿景的最具创造力和创新性的解决方案。彼得·M·森格（Peter. M. Senge）在他的著作中写到了竞争环境下的领导力，描述了创造和解决问题的不同之处，"在解决问题的过程中，我们会努力摒弃我们所不爱的；在创造的过程中，我们会用心保留我们所爱的"（森格，2003）。

　　这是一个有趣的对比，但森格并不是一名设计师。据我所知，所有的专业设计师（建筑师、景观建筑师、规划师、平面设计师、工业设计师和工程师）的设计理念都是二者兼顾的，他们在解决问题的同时具有创造力，以达到预期的目标。每个人在他的日常生活和职业生涯中，都曾以某种方式使用过设计的过程，如计划购买汽车，比较替代品和成本，作出决定并执行计划，他们只是没有把这看作一个解决问题的设计过程。

设计的语言

在乡村设计中心参与乡村社区合作的时候，我总是以设计师的身份发言，以建筑的理念来看待所有问题，包括土地利用、交通、艺术、住房、娱乐、教育、商业、卫生、食品、能源、水、公共服务和基础设施，以及当代生活经济学。设计是一个普遍性的过程，每个人都可以参与其中。

规划师表示，他们长期以来一直都是如此，但规划往往与公共政策的关系更为密切，而非空间布局。建筑师表示，他们在建筑设计的过程中亦是如此。景观建筑师也会说，他们通过分析环境和生态系统来解决问题。但是，他们都忽视了自然资源的土地利用中农业和畜牧业的问题。工程师也许会说，他们的工作让生活运转良好，但他们却无法处理那些关乎生活质量、让生活更加激动人心的事物，如艺术和文化。事实上，他们都是设计师，设计是他们共同的语言，可以让他们互相协作，实现更为美好的未来。

从乡村到城市的人口快速转化和人口的激增，给世界带来了许多挑战。联合国经济和社会事务部（UN DESA）对人口增长作出了预计：到2050年，我们所处的星球上会有约70亿人口生活在城市里，30亿人口在乡村。到2100年，世界人口可能达到112亿，人口增长最多的地区会是非洲。这意味着从2015至2050年间，世界人口增长的一半会集中在9个国家：印度、尼日利亚、巴基斯坦、刚果民主共和国、埃塞俄比亚、坦桑尼亚联合共和国、美国、印度尼西亚和乌干达。不过，所有这些预测均以生育率为基础，近年来，生育率在世界各地均有所下降。此外，人们的平均寿命也会比预期的更久（联合国经济和社会事务部，2015）。

不过从任何一个方面来看，都将有更多的人口在这个星球上生活，所以在我们谈论到城市和乡村的未来时，会产生这样的问题：城市和乡村各自的未来是什么？我们的规划年限应该是多少？当问题涉及全球可持续发展时，答案一定会是：为了提高当今所有人的生活质量，必须以保护环境的方式来进行，使我们的后代有能力改善他们的生活。必须从城市和乡村共同的角度来看待问题，了解人类、动物和环境所面临的气候变化、食品安全、水资源、可再生能源和福祉等方面的全球性影响，才能探索文明的答案，并解决人口的衣食住行等问题。

171

设计是一种联系整合和突破桎梏的方式，并为未来寻找创造性解决方案的过程。这是一种语言，来自不同文化的人们和专业设计人士都可以利用这种语言来寻求对所有人有益的解决方案。

70 亿人口的城市还是 100 亿人口的乡村

2015 年，一个名为"70 亿人口的城市"的展览在耶鲁大学建筑学院展出，策展人是乔伊丝·向（Joyce Hsiang），他是一名专业策展人，同时也是 B 项目规划建筑主办人和城镇化与设计评论家，与他一同策展的还有比马尔·门蒂斯（Bimal Mendis），他是建筑学院的副院长和本科部的主任。他们在介绍展览时写道，在我们这个时代，设计已成为世界上最重要的问题之一，而城市则是解决这个问题的媒介。此展览探讨了人类活动作为一种地质作用力对地球的永久改变，并模拟了地球城镇化发展现象。根据向的介绍，"展览从科学、工程学和建筑学的角度融合抽象出社区的信息，让无形的现象变为可见，让这些信息变得触手可及，能更好地被理解。"［耶鲁新闻（Yale News），2015］

展览的内容充满智慧且十分引人注目，讨论的焦点在于城乡二分法几乎失去了意义，因为在世界各个不同的国家、地区或政府，城市和乡村的定义都是不同的。他们还指出，城乡之间网络化和资源流动的现实意味着，地球上的所有角落都应该算作城市，"都会受到耕作、工业化、钻探、清洁、运输和污染的影响。"此外，他们还写道，"每个国家采用的人口密度和总人口数量标准都是不同的，各个国家每平方公里的人数从 200，直到两倍以上的高达 400—500 不等。例如，澳大利亚对于城市地区的最低定义在中国或印度就会被认为是乡村。"最后，他们认为，"建筑领域在全面协调城镇化所面临的复杂和矛盾的问题上是最具能力的"（向和门蒂斯，2015）。

把城市和乡村视作一个共同问题的前提是正确的，他们将整个世界当作一个独立存在的城市来考察，这是非常具有挑战性的。尽管我认为，这确实是一项应该被称为"100 亿农业人口"的展览，它涉及了全球城市和乡村地区的土地利用。真正的问题在于，该如何实现一个人类、动物和环境共同生活与运作的场所？

172 　　不得不说，建筑师常常理想化地把城镇化理解为一个整体的问题，这是傲慢的表现。无异于建筑师在工作中遇到的那样，他们常常受到开发商的控制。此外，宣称世界是一个城市这一概念是错误的。尽管有 70 亿人生活在城市中，但还有其他 30 亿人生活在乡村。我认为，设计理念和解决问题的设计方式才是阐明城乡关系和解决城乡问题的最好方法。设计将所有的东西聚集到一起，并为每个人——建筑师、开发商、规划师、景观建筑师、工程师、政府和公众——提供了解和实施的可能性。

尽管如此，这仍是耶鲁大学建筑学院非常重要的一个建筑展览，它首次尝试以图示的方式来了解全球土地利用密度的状况，并使用网格将有关全球土地利用密度的多种信息系统整合为 3D 图像。展览的确相当引人瞩目（特别是它将城市地区合并描述为一个单一的全球城市），但它否认了城市的历史独特性，以及城市如何应对在全球范围扩张时，对气候和场所的影响。我十分赞赏展览策划人开创性的工作。

我认为展览应该换一个名称，比如"100 亿人口的农场"，它应当强调我们所有人（包括城市和乡村）都是地球上的居民，充足的水、食物和能源对于我们共同的未来至关重要。展览的理念应当强调城市与乡村之间联系的独特差异、世界各地的不同气候，以及如何形成了具有历史特征的农业景观，以作为将来重塑地球的范例。随着全球气候的变化，确保城市和乡村发展的融合与可持续性至关重要，这样才能将耕地和自然景观留传给子孙后代。不幸的是，设计院校和设计专业人士仍未能意识到乡村设计策略的独特性、全面性和前瞻性，还将其与城市设计同等看待，而展览"70 亿城市人口"更印证了这一印象。

跨界

跨界研究水、能源和食品之类重要的问题，才能获得生态数据。在美国，想要从一个州获得土地利用数据并与其他州相似的土地利用数据进行整合是非常困难的。如果全球所有的国家和州都在地理信息系统（GIS）中使用同样的土地数据格式则会非常有帮助，这样可以在全球范围内提供可用的国际数据，就像通过谷歌地球可以查看整个地球一样。明尼苏达州地质调查局最近发布了一张地图，上面显示了明尼苏达州县级地质图册的范围。他们的地图说明了边界（统计截止到州界线）控制是如何存储数据的，其中只有约占一半的 87 个县已经完成统计或是在进行中。正是由于缺乏相关信息，使得设计难以打破州范围内和州之间的壁垒，信息缺乏还会经常导致公众对官僚主义的不信任，并会觉得政府在处理农业土地问题上非常武断。

全球化是通过全球通信能力的提升来实现的，它包括了互联网、社交媒

173

体和全球运输服务等创新行为。正如理查德·塞琳（Richard Seline）和亚利·弗里德曼（Yali Friedman）在《21世纪的希望和愿景》（*Hopes and Visions for the 21st Century*）一书某个章节中所描述的，全球贸易和通信一直存在，但当代的全球化在其丰富程度、涉及范围和融合程度上是独一无二的。他们继续讨论了关于联系的问题，并进一步讨论了具有研究价值的地区如何与具有商业发展价值的地区形成联系，以提高各自地区的价值。他们引用了美国药品行业的例子，这一行业在新泽西州、马萨诸塞州和加利福尼亚州都设有研究中心，但制造却主要集中在波多黎各。硅谷拥有大量的信息技术公司，但产品却在亚洲、爱尔兰和斯堪的纳维亚生产。他们认为这种"中心与节点"的布局是产业地理分布和全球工业化的直接结果，个人在教育和职业选择中，必须主动、灵活地寻找新的方式，在全球化中实现价值（塞琳和弗里德曼，2007）。

在同一本书的另一部分，千年项目的联合创始人兼主任杰罗姆·C·格伦（Jerome C. Glenn）讨论了这个时代的悖论，尽管越来越多的人群享受到技术和经济增长的好处，贫穷、疾病和缺少教育的人群数量也在增加。他继续说道："尽管许多人对全球化的潜在文化影响提出批判，但更重要的是，文化变革是解决全球性挑战的必要条件。"为了应对这些挑战，他说，"我们需要冷静的理想主义者，他们可以看到人类最好和最坏的情况，可以创造并成功实施策略，还可以与决策者和教育者合作，与阻碍人类进步的绝望、盲目自信和愚昧等战斗"（格伦，2007）。

乡村设计和解决问题的设计过程要求社区在处理区域问题时，必须建立与同伴合作的概念，同时评估区域资产并确定区域目标和愿景。合作是一种跨界的方法，在区域内找到愿参与协作的社区与其合作，为他们共同期望的品质生活创造更为广阔的未来远景（包括城市和乡村）。这些跨界的联系更像是一个通向可持续性和恢复性的长期解决方案。

174 乡村发展的群体

最近在明尼苏达大学与托马斯·费希尔进行关于乡村设计及其区域性解决方法的交谈中，我们讨论了生产相近产品的产业组合，这被称为"产业集群"。也许同样的概念可以用来定义那些有着类似资产和经济问题的农村社区，可称之为"乡村发展集群"。作为乡村发展集群，建立区域性社区可以更好地发声，在联邦和州的立法方面发挥更大的政治影响力。

费希尔指出，1862年美国国会通过了《宅地法》，给那些居住并开垦土地 5 年以上的农民（大多是来自欧洲的移民）提供土地，在此期间内他们只需要支付非常少的费用，就可以获得土地所有权。这项法案使移民农民可以融入社区，同时又促进了整个美国的乡村经济发展。然而，需要指出的是，提供给农场主的土地是美国政府使用暴力手段从在这里生活了几百年的原住民那里获得的。

费希尔继续又推测道，如果引入 21 世纪版本的《宅地法》来改善乡村社区，也许可以称之为《乡村发展法》。与以往不同的是，政府不再供应土地，而是在类似的时期向有兴趣的企业主以零利率发放贷款，将他们吸引至乡村社区并实现他们的想法。对于乡村的发展来说，这种方法可能更有助于社区的复苏，同时也包括美洲原住民保留地和乡镇，帮助有创造力的人来重新利用现有的闲置建筑，并将他们各自的文化、艺术、技术和经验，以及任何他们所创造的元素带到这里，为他们自己开创新的生活，同时振兴乡村社区。这是一个值得推崇的方法。

在《21 世纪的希望和愿景》一书的另一部分，北卡罗莱纳州未来社区中心主席里克·斯梅尔（Rick Smyre）对合作与协作之间的区别进行了定义：

> 合作是人们在确定自己的需求和目标之前聚集到一起，共同发展。协作则建立在不同团体各自的目标基础上，随后聚集在一起共同确定他们的需求以及工作计划的共同点。
>
> （斯梅尔，2007）

明尼苏达大学乡村设计中心利用合作与协作作为乡村设计参与的内在基础，这反映了在不断变化和更复杂的世界中，设计的过程培养了人类合作互助以达到互利共赢的理念。

合作与协作以及集群是一种乡村历史文化，是乡村数千年以来遵循的生活与行为的方式。他们基于家庭关系、宗教仪式、土地，以及农业生产和社会群体之间的密切关系逐步发展出了语言和法律。美国人对此难以理解，因为美国乡村只有 400 年左右的历史，相比之下，世界上许多地方具有约 5000 年的农业文化，并且由此产生了农田、居所以及社会组织之间的密切协作关系。

在澳大利亚公共卫生协会最近的一个演讲中，身为土著和托雷斯海峡（Torres Strait）（如今被称为"澳大利亚之家"）岛民的墨尔本大学教授凯丽·阿拉韦纳（Kerry Arabena）在对比分析了现有传统的政府领导的咨询和决策模式后，讨论了当前复杂的社会环境问题：

175

在保持对西方传统科学尊重的同时，我也能够很快地适应地球系统、环境和生态科学家们所做的工作。他们对新的水源进行测试，但通常只暂时被现有的科学界接受。从这些科学的角度来看，我们找到方法来关注地球上所有形式的生命体，并庆幸它们的重要性、完整性和多样性。学院里很少有公开研究是关于人类和其他物种之间的关系、健康和福祉，以及促进人类健康所需的健康功能的生态系统，以及这些系统中所包含的一切生命。对于大部分生活在拥挤都市的人类来说，我们是第一代这样的人。有充分的证据表明，在未来，我们呼吸的空气、饮用水和食品都会出现问题。

那么我们对未来的决策者有什么样的要求呢？当然，不要拒绝这些会减少疾病、增加世界粮食产量、甚至将人送到月球上去的强有力的技术。我们希望不拘泥于单一的方法，要打开各种思路，充分利用想象力，接受与时俱进的新思维与探索。

因此，此项任务是利用我们的知识资源，重视所有学科以及我们构建知识体系的方法。这将带来开放性的跨学科调查模式的发展，能够提升个人、社区、传统专业人士和具有影响力的组织探究能力，并实现想象力的一个整体飞跃。

当意识到管理中将会产生不良后果时，我们会有能力采取果断的纠正措施，并改变我们的做法和社会机构。我们现在必须将这种能力应用到人类和景观的健康问题上。

（阿拉韦纳，2013）

176 她充分地说明了，地球和所有的人类、动物和环境生物作为恒定的能量来源，与太阳是相互关联的。随着气候变化和人口增长，作为一个物种，我们未来的幸福则依赖于我们在自身思维和行动方面具备全球化的能力，将人类毁灭时期过渡到一个人类努力互助、共同获益的时期。在这样全新的情境下，我们比以往任何时候都更需要明确了解人类的角色是什么，并作出有效的回应。

净零能耗建筑与全球变暖

澳大利亚的约翰·特劳顿博士和我一直在筹备第二届澳大利亚乡村设计国际研讨会。特劳顿在以往工作中曾参与了系统的设计与融资，确保可持续生物圈中的可持续生产能够涵盖空气、土地、水和生物能源。他特别关注的三个科学领域是自然资源中的二氧化碳、水和植物。他曾经监测过大气中二氧化碳的变化，因为测定二氧化碳的变化对于确定全球碳循环中天然气的存储和来源具有重要意义。他的第一次测量是 1966 年在新西兰进行的，结果表明大气中二氧化碳的浓度为 312ppm，而现在则为约 380ppm。这一增长对植物生长、冰盖融化和世界气候模式有重大的影响（特劳顿，私人通信，2013 年 8 月 8 日）。

为了更好地应对全球变暖问题，建筑师们开始逐渐达成这样的共识，需要设计出可持续发展的建筑，能够进行碳吸收，并且能够产生高于其消耗的能源。这是一个相当高的目标，但对于如何实现这一点，我们却知之甚少。因为个体建筑、电力能源系统和文化模式必须在城市和乡村范畴整合成一个系统，才能在 2030 年之前达到全球变暖所需的碳排放量降低的要求。虽然如此，如果个体建筑能被设计为可进行碳吸收，能通过可再生资源发电，并且将剩余的电力输送到电网，那么我们都将从中受益。

也许，实现碳减排的最佳途径是城市和乡村的社区共同配合，建立弹性的整体资源控制理念。艾卡拉（Ecala）集团是一家基础设施更新设计、开发和咨询公司，致力于提供世界上最先进的可持续性发展策略，目前正在与城市（旧金山和明尼阿波里斯）和邻近地区进行合作，重新思考如何组织和管理社区以实现这一想法。艾卡拉（Ecala）对社区及其基础设施系统（社会、经济和文化）进行了整体考察，并提出将 12 个类别整合到流程中来管理系统，即：能源、水、固体垃圾、材料、食物、信息技术、访问和移动、土地利用和规划、管理和治理、健康和福利、经济，以及文化和认同。其目标是辅助社区来对所有类别进行管理和协调，使其成为可更新的社区。他们将可持续发展描述为碳平衡，并认为通过适当的管理，社区可以超越可持续发展达到自给自足的水平（意味着向地区所提供的能源已超出了社区的需求），这是非常有益的影响。

北欧商业发展有限公司（Nodic Business Development）将尝试与位于明尼苏达北部铁矿区的小型乡村社区托尔（Tower）合作，组织一个这样的项目。此项目将结合智能系统设计与现代技术，重点是重新组织社区的基础设施系统，并利用社区的废物来创造可再生资源。北欧业务发展有限公司下属托尔分公司的奥林·克林施泰德（Orlyn Kringstad）与泰耶·克里斯滕森（Terje Kristensen）博士共同主持这个项目，并由杰里米·肖恩菲尔德（Jeremy Schoenfelder）担任首席规划师，我担任建筑师，编制了

《托尔社区 2025 愿景规划》，这是一个可持续的多元发展计划，焦点是新建了一个港湾，通过航道与美丽的弗米利恩湖（Lake Vermllion）相通。开发的第一阶段是使用被动式建筑概念建造 20 个节能型的城镇住宅单群，这将有助于推动发展计划，实现社区经济的可持续性发展，这是整个创意的重要组成部分。

愿景规划的目的在于，将新的可持续综合利用开发与历史矿业城镇的现有中心区结合起来，为开发区和社区提供长期发电计划。在第 6 章所讨论的位于明尼苏达州勒苏尔县的家乡生物能源设施，就采用了类似于托尔社区这种使用沼气等各种有机废物来发电的方式。可持续性、环境修复和经济弹性原则将引导建筑物的设计与施工，并且随着时间的推移，乡村和城镇已有的建筑也将得到更新和重建。此项目旨在制定一个框架，协调促进社区以健康且有经济活力的方式长足发展。

此框架将作为《托尔社区 2025 愿景规划》10 年内的指导原则，目标是建立一个以现有优势为基础的地方经济，发展符合地方文化的经济部门，最终实现本社区的发展与繁荣。以环境修复和弹性经济作为核心战略，此愿景规划主张重点增强地方自然资本，提高乡村社区适应经济变化的能力，以及地方政府掌握财政命脉的能力。目标是创造一个全面系统的现实经济愿景，使这里的乡村社区成为 21 世纪乡村可持续发展的普及全球的范例。

178 全球变暖和气候变化是全球最重要的问题，只能通过国际协议和合作来解决。在美联社发表的 2015 年巴黎联合国气候峰会的相关文章中，作者介绍了各国正在讨论的问题，即解决全球变暖问题的资金来源，以及富裕国家应该如何进行投资，以协助贫困国家解决这一问题［科比特（Corbet）等，2015］。其他的要点涉及这些同意进行永久性减排的国家，要投入多少到可再生资源，以及传统石油和天然气生产商将会有多少损失。2015 年 12 月，有近 200 个国家同意并签署了此协议。

对全球气候变化影响最大的是一项被称为"创新任务"的公共 – 私人项目，项目是由至少 19 个政府牵头，28 位投资者参与的突破性能源计划，其中包括微软的创始人比尔·盖茨。他们都投入了大量的资金（超过 10 亿美元），来帮助世界在未来 5 年内实现低碳或无碳能源［科比特（Corbet）等人，2015］。

气候变化的应对措施也是一项设计挑战，设计专业需要以更广泛的视角来看待工作中的道德影响。如果建筑师只设计个体建筑，即使设计中有绿化意向，其影响也会非常小。建筑师必须开始将建筑设计作为全球社区人类、动物、景观的一部分。如果城市和乡村社区想要应对这一设计挑战，必须在其社区和基础设施系统采取整体系统的观点，从而找到一种更适合高生活品质和低成本弹性社区的方法。建筑师可能是引导此项工作的最有资格的专业设计团队，美国建筑师学会正在采取措施以强化弹性设计，并将规范性的指南［如领先能源与环境设计（LEED）］转变为可衡量的性能标准。

在 2005 年，乡村设计中心与可持续发展建筑研究设计中心共同参与了“能源自给村”概念的创立，这是由明尼苏达大学为净零能耗研究所开发的项目，又被称为“UMORE”（明尼苏达大学扩展研究和教育）。此项目的目的在于整合环境、社会 – 文化以及经济机遇，尤其关注整合可持续设计带来的卫生和健康、可再生能源、教育和终身教育的创新。创新型可持续发展社区需要遵循以下设计原则：

• 利用可再生资源（太阳能、风能以及各种来源的生物质能，包括废弃物）所产生的能量，通过网络化的净零能源策略来减少能源损耗（包括在建筑设计中），从而将目前建筑规范所需要的能源消耗减少 50%；

• 提供暴雨现场管理方案，例如避免雨水流失，在整个过程中保护水资源；

• 提供多模式的当地街道网络（行人、自行车、汽车和其它可选择的交通工具），以及区域联合模式（过境）通道，目的是与邻近城市或城镇相比，将车辆行驶里程数减少三分之一；

• 建设绿色基础设施，增加生物多样性，整合周边邻里的生态逻辑关系，以保护并增加重要的栖息地和自然区域；

• 创建积极的多代生活与健康服务和就业渠道，使其可以关联并融入社区组织；

• 整合跨学科的终身学习，发展综合文化中心、图书馆和学院，同时运用无线和新的网络通信技术建设技术基础设施，这些技术依赖大学的研究基础，强调技术转化、知识综合体和全球化的联系。

• 通过发展可步行、宜居的设计来培养强烈的社区意识，促进人际互动，并提供高品质的生活和幸福感，起到邻里和谐的作用。

研究性村庄的概念从未实现，因为大学将重点转移到从分散的场地上获得收入，出售土地给开发商，而并非像最初计划的那样抱有完整的学术目的。然而，规划中讨论的新建和更新的社区发展方式，对于可持续发展将如何减少对气候影响这个议题是十分中肯的。

设计理念

设计理念和解决问题的设计过程可能是实现城市与乡村未来的最有效途径。城市设计学科已经基于严格的城市视角进行了一段时间的授课和实践。乡村设计则是一门新的设计学科，试图摒弃城乡二元结构，在宏观和微观两个层面上进行城市与乡村的融合和联系。这是一种了解人类、农业和自然系统的动态行为的方法，并通过将土地空间布局的思想概念化，将城乡地区人类、动物和环境健康可持续性地结合在一起。设计理念是有创造力和创新性地将各个要素联系起来，以找到一种超越和转化设计解决方案的方式（图 8.1）。

180

全球和地方的决策必须共同施行，世界上所有与农业与人类环境有关的地区，都应考虑以不同的方式来利用资源，找到他们所需的要素，并寻求新的解决办法，包括乡村设计中心研究的乡村社区的以下可持续性问题：

1. 确定区域的粮食贮存地，鼓励当地的粮食生产和加工，服务本地以及更大范围的物流配送。

2. 通过风能、太阳能和生物能来增强区域能源生产力，以寻求机会应对气候变化，并考虑使用农业加工产生的能源进行可再生能源的生产。

3. 确保区域内每个家庭和企业接入高速宽带互联网，协调通信计划，以及区域、国家和全球市场。

4. 利用"天使"基金和私募股权，为商业和创业机遇组织资金，为新型就业、新型技术、新型生产和配送进行特殊教育与培训，并创建区域数据库，共享信息和创意。

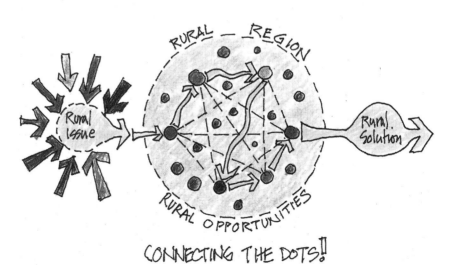

图 8.1　乡村设计中心的这幅图示说明了通过跨界和互联来找到最佳解决方案，用创新的解决问题方式体现革新的潜力

5. 使用创新方法利用当地的自然资源（环境、历史、文化、美学、水利、生态环境和其他资源），作为旅游目的地进行对这些要素的综合提升（了解游客爱好的场所以及愿意在此居住的原因），并设法促进经济发展，提高生活质量，同时突破传统意义上的管理界限。

我们必须找到一种方法，在不影响子孙后代的情况下，为现在的人提供足够的食物、能源和福祉。设计教育是永恒的，正如耶鲁大学建筑学院院长罗伯特（Robert A. M.）所说，"年轻的设计师（建筑师、景观设计师、规划师、工程师和其他设计师）必须有能力向他们自己、专业人士和公众提出理智的、社会性和关键性的正确问题"［斯特恩（Stern），2015］。

这本书是由一位在乡村社区出生并长大的建筑师所撰写的，尽管我现在城市里生活和工作，但我对于大自然和乡村地区，以及那里建筑的品质和设计，如同城市里的一样，饱含热情。我在耶鲁大学获得了建筑学硕士学位，建筑学院的教育教会我正确地提出问题，并尝试寻找设计及其理念的可能性，将城市、次城市地区和乡村的问题结合起来，全面系统地解决问题。这将会形成设计专业人士的一个全新的设计理念，通过整合规划各个学科，而不是孤立对待，使得个人作品将成为更大的整体。

要时刻铭记，人类、动物和环境在这个地球上都是平等的居住者。一个年轻女孩和一头小牛的照片（图8.2），尼泊尔的孩子们与一群牛在耕田（图8.3）的照片，都说明了动物和人类之间的历史纽带，以及我们生活的景象：一个是情感上的联系，另一个则是工作关系。一些建筑师在设计城市建筑时可能会认为这些是多余的，但如果他们想要在设计作品中真

181

182

图8.2　小女孩和小牛的照片代表了动物和人类之间的关系，以及地球上人类、动物和自然之间的关系

　　　　　　　　　建筑与农业：乡村设计导则

图 8.3 尼泊尔的孩子们和牛在田间耕作，展示了人与动物之间历史性的工作关系

正体现出其意义，并在人类、动物和自然之间建立联系，以展现更美好的未来，他们应当考虑到这一层历史关系。人类是大自然的一部分，如果建筑作品通过设计展现出了这种固有的关系，而不是忽视大自然，那么城市将会有更加蓬勃的未来，设计可能会更令人敬仰与重视。要创建属于大自然的城市，而不是将其孤立于自然之外。

本书旨在展开对城市和乡村建筑以及农业之间相互关系的讨论，也包括它们对全球的环境影响。我希望这本书可以拓展世界各地设计师的眼界，让他们了解到自然和农业（城市和乡村）在开发、设计和建造弹性建筑和景观方面所面临的挑战和机遇，它们不仅仅是可持续性的，而且到2050年甚至更远的未来，它们必然是更具修复性和宜居性的。

第9章
结语

> 体验建筑就如同思考和感受一幅年代久远的自画像。
>
> 斯维勒·费恩（Sverre Fehn）（挪威建筑师，1924—2009）

我对创造与自然有关的建筑充满热情，因为一栋美丽的建筑可以唤起情感上的共鸣，但作为自然组成部分的建筑更具诗意。这种热情使我创立并明确了乡村设计的理念，将乡村设计作为乡村土地利用的一个解决问题过程。我希望能够以此提升建筑和农业、城市设计和乡村设计相关的建筑学理论与设计理念。世界瞬息万变，只有在解决问题的过程中将城市和乡村问题相互联系，才有可能实现充满活力和繁荣的未来。

我们必须全力应对气候变化、食品生产和安全、饮用水资源、可再生能源，以及人类、动物和环境的福祉等全球性问题，以适应世界人口的迅速增长。基于实证基础和设计理念的建筑都是有助于社会解决这些问题的方法和过程。城市和乡村的未来必须联系在一起，只有如此，建筑师和其他专业设计人士的创造力和创新设计才会得到广泛的需求和机遇。可持续性发展的未来需要互动和综合的循证设计方法，以确保城市、乡村和次城市地区的建筑与景观得以更好塑造，同时也为后代保护好自然环境。有意义的设计和强大的建筑领导力对于这一转型是至关重要的。

对于乡村景观设计，当建筑师和其他设计专业人士抱有和城市景观设计同样的激情时，世界将会变得更加美好。设计院校和设计专业常常从根本上忽略了乡村设计，这是错误的，而且，当设计师和规划师参与到乡村设计议题中时，他们通常会把城市视角代入其中。这一点必须改变，我希望本书可以帮助设计师更全面地从乡村的视角来看待问题，寻求机会参与乡村社区和农业景观项目的建筑或规划设计。通过这种做法，设计专业可以引入跨学科设计和设计理念，创造机遇，为城市和乡村未来的联系提供有创造力和创新性的解决方案。

我们都居住在同一个星球上，在20世纪70年代，我们第一次从外太空看到它的照片，作为设计师，我们必须从全球和地方的视角来完成我们的设计工作，创造创新性与可持续性的绿色建筑。作为设计师，如果我们只关心个体建筑或景观，或我们创建的其他构筑物的功能和形式，那么无论它有多美丽，我们都是在伤害这个世界。作为设计师，我们必须用我们的设计影响和教育共同合作的客户和社区，让他们了解并认识到文化、气候和场所的价值。由此，我们可以创造出可持续的、美丽的设计和建筑，这有助于应对气候变化、食品安全、水资源保护、可再生能源的利用，并寻求人类、动物和环境的福祉。

在本书中，我提到了一些有关世界各地乡村问题的研究和著作。然而，大部分的著作和研究都是从学术或科学的角度出发，目的是为了在科学或学术期刊上发表。这一传统促生了学术孤立的概念，如同一个装满持续研究科学证明的知识仓库，常常需要经年累月才能对社会产生影响。

设计专业也同样如此，由于设计师所接受的教育大部分是关于城市景观的建筑，设计专业是孤立的。伴随着设计施工系统进入专业的注册和法律框架，以及公共安全和福祉的滞后发展，在解决问题过程中，建筑师很难与其他设计学科建立跨学科的合作联系。当关注焦点囿于单体建筑的概念时，这就无法与气候、景观或周边的建筑产生直接的联系。

例如，美国建筑师学会的业主与建筑师标准协议概述了业主、建筑师、建筑顾问、承包商和施工过程之间的合同关系。它要求建筑师和建筑顾问提供符合专业技能和维护的服务并保证项目的有序进行，在发生争议的情况下，法律程序通常采用调解或仲裁的方式来解决争议，并且在这方面有良好的法律解释和先例。专业技能的水平通常由法庭确定，就和其他专业人士在其项目中一样。这一解释近年来已经发生了变化。在20世纪60年代，建筑合同要求建筑师"检查"[①]施工情况，查看是否按照规划和说明进行。由于明尼苏达州一项具有重要意义的法律检查，美国建筑师学会标准合同中的文字已更改为要求建筑师"观察"[②]施工情况。这是为了阐明建筑师在施工过程中所起的作用，因为"检查"一词意味着施工过程的管理水平不符合标准协议的要求。这个定义为承包商创造了新的机会，在某些情况下，他们既可以成为为业主监管过程的施工经理，也可以成为承担风险的施工经理并成为建造者。一些建筑师确实会提供施工管理服务，但由于专业责任的重复性，这种情况并不多见。

根据美国建筑师学会的标准文件，长效的法律管理建立在建筑师作为

---

① 原文为 inspecting。——译者注
② 原文为 observe。——译者注

设计团队领导者（独立于施工团队）的基础之上，所有顾问都是为建筑师所定义的项目工作。通过"合作"这一理念，设计和施工团队的成员之间建立了联系，并改进建立合作和配合的态度与方法。然而，对控制经济成本的要求如今不仅仅在于建设施工方面，而是涵盖了整个项目运作过程。传统设计和施工的过程基于各司其职的独立工作岗位的概念，适用于法律和专业传统。这种合作的定义下，合作团队通常会将设计作为一种结束的手段，而不是激发灵感来解决问题并提出创新性的解决方案。

为了正确处理人口增长、气候变化、食品安全、水资源、可再生能源和健康等全球性问题，学院和设计专业人士必须找到跨学科的方法，并且共同努力寻找最具创造力、创新性和创业精神的思路。设计和设计理念可以是任何人的强大工具，包括科学家和普通民众，用创造力和创新性解决问题，这样也有助于找到未来城市和乡村之间的联系。

本书的重点在于全世界乡村地区的建筑和景观设计，同时也认识到，地球上的大多数人都生活在城市，随着城市对于世界人口迅速增长而做出变化和调整，在考虑到土地利用时，将乡村问题与城市联系起来至关重要，尤其是在次城市地区。城市农业可能会成为城市扩张时的一个有力工具，以避免城乡边界农业用地的流失。它可以为建筑师、景观建筑师和规划师开辟一种全新的设计思维方式，以应对全球正在迅速发生的变化。

在当前城市与乡村各自独立的设计思路下，商业和经济体系同样也延续了乡村产品向城市市场输入的思路，这种情况持续了多年。托马斯·福斯特和阿瑟·盖茨·埃斯库德罗在著作中提到了城乡统筹的挑战。他们指出，由于许多食品、纤维和燃料由生产者销售给分销商、加工者和制造商等中间商，城市与乡村社区之间的裂缝越来越大。在高收入国家，大多数消费者的金钱都流向了这些对城乡关系几乎没有益处的中间商。尽管如此，这些私营部门大部分都很重要，因为它们有权力或能力，支持或阻碍寻求连接城市和乡村挑战方法的进程。（福斯特和盖茨·埃斯库德罗，2014）

粮食、能源、水和运输系统的可持续性不可能依靠单一部门来解决。作为商品和服务，食物在乡村到城市之间的流动对于城乡之间的联系是至关重要的。气候变化、食品安全、水资源、可再生能源和人类、动物、环境的福祉都将进一步影响城市和乡村的未来，因为世界将进行调节以适应人口的快速增长，而可用于种植粮食的土地资源是有限的。

汤姆·费希尔在《避免未来灾害的设计之道》一书中，对于未来的设计这样写道：

弹性的思维与良好的设计理念一样，对于或大或小的问题，都能够确保形成解决相当复杂程度问题的最佳方案模式，同时评估其他模式的一系列影响。

费舍尔继续描述了避免灾难的设计策略，并提出问题：

如果最坏的情况发生，我们该如何设计这个世界？例如，如果这个世界没有可负担得起的石油或可用的电力，没有全球通信或洲际旅行，没有充足的食物或饮用水，没有人身安全或政治稳定，没有稳定的收入或可靠的工作，那么我们将如何生活？

（费希尔，2013）

乡村设计是将解决问题过程和设计理念带入乡村景观应对和乡村人口挑战的一种方法，但它也可以作为一种有助于连接城市和乡村未来的手段。由于乡村设计是一门新兴学科，因此可以更自由地进行跨界和互联。它可以提供一种新的设计思维来找到国家、州、城市和乡镇之间的联系，以及农业和自然景观之间的联系，以加强协调与合作。还能鼓励创造力和创新，打破壁垒，促进对话沟通，共同创造城乡更美好的未来和品质生活。

城市农业的成熟发展将有助于建立城市和乡村之间的联系，提醒人类在快速变化和世界人口飞速增长的情况下，食品安全对于地球上未来的人类至关重要。世界各地都存在着既有的农业文化遗产，人类、动物和环境与其和谐共存。这些原生的农业遗产必须得到更广泛的认可和了解，帮助现代社会找到与地球和睦相处的方式，并保证我们的后代也可以找到他们自己的方式。

当我还是一名在耶鲁大学学习建筑的学生时，我的论文课题中已经研究了城市农业的概念，我设计了呈垂直塔形的城市建筑，周围的空中平台可以种植植物并提供开放空间，可以用来种植粮食并与大自然产生联系。通过新农学和城市农业的观点，我想再次探索这一想法，为高密度城市住房设计和建造用于种植粮食的花园，并提供与大自然的联系，这对于那里的居民是有意义的，并且从市场经济上来看是可行的。这种联系不该只是将大量的植物和树木加到建筑立面或是屋顶上。如果这种方法对于年轻的住房购买者具有吸引力并且实惠，那么在美国远高于城郊地区密度的次城市地区可以发展这种景观，同时保留邻近的现有农田，用于种植粮食。

贫民区作为城市模式之一?

在世界发展中国家的许多大城市中,贫困人口在创造生活空间方面都充满智慧。在委内瑞拉的加拉加斯(Caracas),有70%的居民生活在贫民区,这些社区正属于联合国人居署所定义的"低于住宅清洁标准的人口稠密的城市居住点"(www.unhabitat.org)。这些社区在加拉加斯的山间已经蔚然成风,它们由捡来的废弃物搭建而成,是融合了独特社会、文化和城市组织的社区。加拉加斯还有一栋被贫民占据的45层的塔楼,它仅搭建了混凝土的框架结构后就被废弃了。塔楼中有商店、杂货店和其他商业服务。它没有电梯,老年人居住在较低的楼层,年轻人住在较高的楼层。它甚至在第13层有一个小型奶牛场。这种垂直或者水平的生活状况通常被称为贫民区,但最近的研究表明,它们具有高度的社会文化组织和邻里互助,城市未来的新规划和设计解决方案可能就来自它们。[蒂亚(Thilla),2015]

在2013年的奥斯陆三年展中,有发言人提议,城市规划师和建筑师需要对贫民区生活方式进行更深入的学习和研究,寻求更好的方式来为贫穷人口重新定义城市住房,在体现其居民的社会和文化遗产的同时,提供淡水、可靠的电力、卫生和公共服务。联合国人居署认为,在发展中国家有33%的人口生活在贫民区,建议在开展住房设计和建设方面与居民合作,采取自下而上的方式可能会更具经济性,以满足城市人口快速增长的需求。当前城市地区的政府管理进程大多是自上而下的,导致政府重复设计了千篇一律的建筑,这与贫民区中所发现的生活、社会和文化联系模式是完全不同的。

不难想象,贫民区的社会和文化模式可能与原住民的社会和文化传统非常相似,包括他们如何在土地上生活了上千年,而没有对环境产生破坏。城市农业可能是一种新的方式,可以重新发现生活与自然的关系,包括合作种植粮食以及紧密联系自然的乡村住宅。这当然是一个令人兴奋的设计机遇,可能会吸引更大范围的不同经济阶层的购房者。

如果美国的住宅建设中能包含城市农业理念,那么次城市景观地区会发展为更高密度的地区,会比传统开发商建造的(社区)更具经济性,并带来更好的生活品质,以往这些开发商通常会在城市郊区建设低密度的住宅区。这能使城市周围的良田得以继续用于农业,为快速扩张的城市人口提供食物,同时保护自然地区用于休闲活动并作为动物的栖息地。这样的未来只有在购房者、政府、开发商和设计师共同努力的情况下才能得以实现。

188

城乡联系的议题

挑战是巨大的，因为我们认识到，在未来，水、食品和电力将因气候变化而变得越来越重要，而它们的短缺可能会导致生态恐慌和全球性的灾难。科学和意识形态之间的选择是非常明确的，我们必须勇于将科学决定作为基础。蒂莫西·斯奈德（Timothy Snyder）在描写气候变化和食品短缺对美国造成的影响时，这样写道：

> 气候变化的整体后果可能会在全球变暖对其他地区造成严重破坏几十年后才到达美国。那时再使用气候科学和能源技术来干预就太迟了。事实上，当生态恐慌的大门向美国打开时，美国人在数年以来一直向全世界传播气候灾难。

（斯奈德，2015）

以实证为基础的乡村和城市设计是一个解决问题的方法，可以将科学带入到社会（城市和乡村、地方和全球），强调把人类、动物和环境的福祉作为地球上每个人要面对的基本问题，以帮助寻找应对气候变化的方法。

基于对科学和技术创新的尊重，拉里·唐斯（Larry Downes）和保罗·努内斯（Paul Nunes）曾写道，将新型的创新技术在被了解和接受之前引入社会和文化中，会导致以保护旧技术为目的的过度管制。他们确定了7种最具潜在扰乱性的技术，其中大部分都打破了陈旧的规则，并受到过早的管制：

1. 共享经济：使消费者能够在经济上有效地进行分享、租赁和共同拥有昂贵固定资产（包括车辆、房屋和专业技术）的技术，完全暴露了运输公司、酒店和专业服务在本地许可、检查和保险方面的长期隐藏危害、内部交易和腐败。

2. 自动驾驶汽车和无人机：自主驾驶汽车和自主飞行器将彻底改变城市和道路的设计。这个技术通过最低成本实现实时信息的来源，能大大提高农业和公众安全的效率，从而降低人身风险。

3. 数字货币：大部分金融体系早已转变为电子格式，但在世界大部分地区，现金产品仍由政府垄断。

4. 物联网：传感器成本的下降将很快与商业中过万亿的物品相联系起来，包括家具、电器、商业建筑和公共基础设施。

5. 自我量化：在身体内部和外部，用更多的设备来收集人体和周围环境的信息，数据分析可能会从根本上改变我们的饮食、睡眠、子女抚养方式，并使我们有尊严地老去。

6. 先进的机器人/人工智能：硬件和软件的进步正在创建一个戏剧性未来，其中计算机将在更广泛的危险和重复性的、易出错或简单无聊的工作中取代更多的人类。

7. 3D打印：工业原型制作中的快速通货紧缩导致投资者在消费者导向的3D打印机上加大了投资力度，这些打印机可以使功能性项目完整化，在不久的将来，可以打印的内容将包括食品、电子电路和人体组织等。

（唐斯和努内斯，2014）

当成熟的企业能从根本上转变已有方式的技术威胁时，新技术的快速应用就成为一个经济性的问题。他们可以迫使现有的企业停产，或是找到新的方法将这些技术合并到自身的业务中。例如在美国，在线购买商品和服务已经迫使大型零售企业重新定义其销售方式，像塔吉特（Target）[①]这样具有创新性的零售企业，通过引入在线技术来应对这一现象，加强了传统零售业。当前，可以使用手机进行通信、拍照、支付、购票、作为机场登机牌等，这已经对全世界的城市和乡村生活产生了巨大的影响。有人预测，在不久的将来，手机可能会取代现金和信用卡的使用。

190

经常旅行的人应该清楚，世界各地的人们正在迅速地将新技术融入他们的日常生活中。但是大部分的建筑师、景观建筑师和规划师尚不清楚，在涉及建筑环境的建造和设计过程中，应采用什么样的方式将这些技术现象结合起来。我在建筑杂志上看到许多非常有趣和美丽的建筑，但它们总是呈现为一个孤立的项目。

作为一名执业建筑师，我觉得设计专业和设计院校坚持保留的专业认证方式过于陈旧，这使建筑知识在这一领域中也被孤立。他们可能会设计并建造优美的建筑，但通常会以保护专业的态度来完成。建筑师和其他设计工程专业必须进行创新，敢于提出跨界的设计方案，将农业纳入城市生活中，开创全新的联系，强调跨学科设计思路和解决问题的方案。

最近有一名爱荷华州立大学的年轻建筑学生采访了我，他也在与双城的一些著名建筑师会面。他问我，在职业生涯中是否有感到遗憾或是想要重新来过的事，我的回答是没有，因为我在做任何事时，都会带着对建

---

① 塔吉特（Target），美国仅次于沃尔玛的第二大零售百货集团。——译者注

筑和景观的热情。在某些情况下，我比其他人做得更好，这也缘于我对职业生涯的追求。我还告诉了他我做乡村社区建筑师时的经历，我发现，如果我作为一名建筑师与他们讨论乡村设计，他们所想到的是建筑而不是问题。我很快学会了如何作为设计师来进行交谈，因为作为设计师可以跨界建立联系，这是我仅作为一名建筑师而无法做到的。在我的演讲中，我鼓励设计专业的学生和设计专业人士，如果想要与其他人建立真正的联系并产生影响，首先要从设计师的角度出发，其次才是专业性。所以，我对学生的建议是首先成为一名设计师，追随你的激情！

撰写本书是一个很好的机会，可以接触世界各地研究乡村议题的人。自从我的第一本书《乡村设计：一门全新的设计学科》在 2012 年出版以来，学院、政府以及公民个人都开始意识到，如果我们想要设计并塑造弹性的社区并创建可修复的地球，那么城市和乡村的未来必须联系在一起。我曾有机会与世界各地的建筑师和景观建筑师对话，探讨乡村设计如何在他们的国家应对乡村变化。我在这本书中写下了一些经验，并且希望乡村设计最终可以与城市设计一样，在设计院校中进行教授。我也为可持续绿色设计的出现感到兴奋，这是一种可以关联并解决气候变化、食品安全、可再生能源、水资源和福利问题的方式。

作为这一全新概念的成果，我的第一本书正在进行翻译，将于 2016 年 12 月在中国出版。此外，中国和欧盟已经创建了一个世界乡村发展委员会的新组织，将关注全球的乡村发展和乡村设计问题。我相信这个新论坛必将在跨界和分享理念方面产生深远的影响，促进参与与合作，并研究出更好的方法来保护世界各地的农业文化遗产。这意味着一种新的土地利用方式，不但可以包容 21 世纪的农民、生产者和消费者，还可以为子孙后代保留自然和文化景观。

创新性与全新的设计理念

令人兴奋的全新建筑设计理念也许能提供最好的设计机遇，将城市与乡村设计整合到一起，将农业和绿化融入城市建筑环境，同时适应气候变化。建筑师已经成功地将新型材料运用于建筑设计，正如布莱恩·布劳内尔（Blaine Brownell）在《材料策略》（*Material Strategies*）一书中所描述的，各种创新结构以及材料的使用对城市和乡村发展影响深远，他对未来提出了如下警示：

当前，世界正面临一系列根本性的挑战，这为建筑学重新定义了环境。当前的环境、技术和社会变化，其范围和进步都是明显的。人口的增加和城市移民的增长超过了地球资源的承载能力。

（布劳内尔，2012）

如果建筑师和其他设计师在设计思路中开始使用新型材料，并持有对建筑和农业遗产更为开阔的观点，并对世界各地的原住民与自然和谐相处具有新的知识，可能会出现更为重要和创新的思路。正如托马斯·费希尔所说：

我们见证了那些原始或贫穷的古老生活方式。然而，我们需要重新审视祖先的工作，回归他们的本初，与我们所创建的脆弱和即将崩坏的世界相比，其更为弹性与智慧，更为灵活可靠。

（费希尔，2013）

严重分裂的世界和极端的气候差异，正成为极具创造力的建筑师们力图解决的问题。目前指导设计的建筑规范和公共基础设施工程，提到了关于确定风雪负荷的平均值，但并未提到建筑物和社区的设计和施工都需要适应极端气候的差异。研究表明了我们的气候变化是如何改变大气环流和天气模式的，如强喷射气流对于极端天气频率和位置的影响。虽然这些极端事件都是自然发生的，但近期的科学证据表明，某些类型事件的概率和严重性有所增加。其中包括狂风和龙卷风、大暴雨和突发洪水、严酷的暴风雪、干旱、引起火灾的严重雷击，等等，这些都会对乡村和城市地区造成极大的破坏。

另外一种建筑师感兴趣的方法是仿生学，生物独一无二的自然特征被模仿，用于人类的建筑设计。建筑模拟了进化的适应性，以适应来自食物、光照、水、繁殖等方面的环境挑战与限制。明尼苏达大学的贝尔自然历史博物馆（Bell Museum of Natural History）就是这方面的一个案例。作为建筑设计师，我借用了硅藻（地球上最大和最重要的生物群组之一）作为建筑概念，反映了人类是自然界的一部分，而非与其对立这一理念。它表达了博物馆的哲学观点，以及自然世界和人类、动物以及环境福祉之间的联系（图9.1）。

最近，我与挪威的可持续性管理与监测专家泰耶·克里斯滕森博士讨论了极端气候对建筑设计的影响，我们推测了建筑师将如何进行更好

192

193

图 9.1 设计草图说明了将硅藻作为明尼苏达大学鸣钟自然历史博物馆的新型建筑形式这一灵感，表达了人类是自然界的一部分，而不是与其对立这一设计概念；硅藻是地球上最重要的生物群组之一

的设计，以应对极端气候对于建筑物和社区的严重负面影响。如果建筑物可以设计成具有动态性和适应性的，就可以使生命和财产免受这些极端天气的影响，并且在调节自然通风的同时，使用太阳能供暖和采光，以减少能源消耗，还可以节约保险费用和维护成本，减少矿物燃料的使用。克里斯滕森博士指出，从经济的角度来看，住房中的可持续性能源设计是有益的，平均每节约 10 个百分点的能源使用，就可以使市场价值提高 1.1% ~ 1.2%。

在过去 60 年中，美国的大多数现代建筑已经设计成这样的模式，即建筑物在任何气候条件下都可以良好运作，包括加热和制冷系统。在寒冷的地区你会开启采暖设备，而在温暖区域，你只需要使用制冷设备，这就是为什么许多建筑看起来都十分类似，无论它们在密西西比州还是明尼苏达州。但从成本和碳排放方面来看，这是一种非常浪费能源的方法。如果我们可以认真地对待气候变化，为了环境和人类的健康，我们应采用可衡量的相关设计和工程性能标准，从而引导可持续性建筑和社区的设计，这是非常重要的。

在过去的十年内，欧洲的当代城市建筑采用了自然通风以及太阳能供暖和采光的立面系统，从而变得更具有可调节性，大大降低了所需的能源。美国的建筑师也在为实现"美国建筑师学会2030计划"的目标而努力，相信你会开始看到新型建筑的特征发生戏剧性的转变，能够反映出建筑形式遵循功能（气候、地点和文化）的理念。很快，明尼苏达州的这些当代建筑会看起来非常不同，这是因为在美国南部或西南部，建筑的外立面会根据阳光照射随季节的变化而发生变化。

克里斯滕森博士认为，全球建筑行业对资源的消耗超过了总量的三分之一，其中包括12%的淡水和接近16%的能源消耗。他指出，麦肯锡咨询公司最近的一份报告显示，如果美国的建筑升级到可持续发展的水平，那么能源的总消耗将下降23个百分点，投资5200亿美元就可节省超过23万亿美元。这也是经济意义上的可持续发展。

对于新型住房的开发，欧洲人创建了"被动式节能房屋"这一概念，通过使用绝缘和加厚墙壁进行供暖和制冷，降低空气渗透，并仔细设计门窗在房屋外立面上的位置，使建筑在消耗极少能源的情况下高效运转。挪威规定，在2015年之后的所有新建住宅建筑必须遵守这些标准。这种概念开始逐渐在美国出现，但目前的能源法规并没有规定住宅开发中必须使用这些低能源要求。只有从政策方面进行严格要求，相关法规的实施推进才有可能产生实质性的改变。正如我所述，美国众议院正计划对立法进行投票，这会推迟联邦建筑在设计和建造方面节约能源的努力。该法案包括废除2030年目标中适当减少或完全消除矿物燃料在新建和更新联邦建筑中的使用，而是以更低的能效标准来代替，但此标准并不能解决碳排放问题。

美国协助起草并签署了2015年巴黎世界气候变化峰会的协议，同意建立国际共识，将气候变化导致的全球变暖温度控制在平均2℃以内，这种行为可以说是一种耻辱。尽管有近200个国家签署了此协议，但时间将告诉我们，各国是否以公平的方式联合在一起，通过设计建造接近净零能源消耗和净零碳排放的建筑以及社区，从而限制碳排放。

草图与设计过程

在许多发展中国家，于住所附近饲养家畜或种植粮食是文化和乡村生活的一个重要组成部分。我和妻子在2014年访问了缅甸的一些村庄，非

图 9.2 缅甸乡村地区的传统房屋，家畜在下层，人居住在上层，这是乡村里人类与动物之间密切联系的典型代表

图 9.3 缅甸村庄的孩子们为索贝克所描绘的草图而着迷，草图描绘了旅行见闻中的学生与村庄；学生们为游轮运营商表演了舞蹈，以感谢维京游轮为学校捐赠了新的卫生厕所

常清楚地看到了这样的情况，人们居住在简单的竹构房屋中，人住在上层，家畜住在下层。在欣赏完学校里孩子们的歌舞表演之后，我非常开心地看到孩子们为我给村庄画的草图而激动。能够看到孩子们渴望了解未来以及他们的文化遗产是非常美妙的（图 9.2 和图 9.3）。

通过草图来描绘和记录旅行的设计师有着看待世界的特殊方式。通过这种方式，图像会深刻存于记忆中，而不是相机中。照片会显示通过镜头所看到的现实世界，而草图则记录了艺术家通过眼和手在这个地方所看到的情感和特征。在数码相机和电脑效果图控制着设计专业的时代，用传统的手绘记录下见闻和经历，是传达人类、文化和风景思想内涵的一种交流方式。绘画可以促进人们对我们所生活的多样性世界的理解与欣赏，它是如此不可思议和令人兴奋。

195

我和妻子游览了世界上的许多地方，见识了建筑和景观的多样性，从我当时的手绘草图中可见一斑。其中包括位于缅甸的沿着伊洛瓦底河（Ayevarwaddy）通向明雅村（Minhia）的岸边小道（图9.4）；巴塔哥尼亚（Patagonia）一个绵羊农场的草图，展示了农场的各种活动、农业之间的联系以及未受污染的景观（图9.5）；意大利建于13世纪的乡村小镇斯坎诺（Scanno）的建筑和街道草图（图9.6）；希腊桑托林岛（Santorini）上的维德玛（Vedema）度假村的草图，建筑围绕着一个古老的酒庄和山洞（图9.7）；挪威西部松恩峡湾（Sognefjord）的利达尔（Laerdal）附近的伯根蒂（Borgund）木制教堂草图，我的祖母就是从这个小镇移民过来的（图9.8）。

196

197

198

图 9.4 位于缅甸的沿着伊洛瓦底河通向明雅村的岸边小道的草图

建筑与农业：乡村设计导则

图 9.5　巴塔哥尼亚一个绵羊农场的草图，展示了农场的各种活动，包括剪羊毛示范

图 9.6　意大利乡村小镇斯坎诺的草图，小镇建立于 13 世纪，展示了各种城镇景观和意大利建筑与社区的完美融合

图 9.7 希腊桑托林岛上的维德玛度假村的草图，建筑围绕在古老的陈酿葡萄酒山洞上；这是一个现代化的度假胜地，古老的岛屿让人感觉宾至如归

图 9.8 挪威西部松恩峡湾的利达尔附近的伯根蒂木制教堂草图；我的祖母就是从这个小镇移民过来的

　　　　　　　　　　　　　建筑与农业：乡村设计导则

塑造城市与乡村的未来

　　在挪威，北部地区巴伦支海（Barents）研究所的学者们一直在研究人们选择居住在斯堪的纳维亚北部和俄罗斯北部偏远乡村地区的原因。他们称这一现象为"乡村生活欲望"。乡村居民对他们的场所、景观、建筑、气候和生活质量抱有热情，这使得乡村设计这一学科作为设计过程更具有意义、挑战性和令人振奋，建筑师和其他设计专业人士可以帮助塑造可持续的乡村未来。

　　我在世界各地旅行时也遇到了愿意生活在乡村的人们，显而易见的是，越来越多的学术和政治开始了解，城市和乡村问题必须结合在一起，才能形成有效的可持续的未来。气候变化、淡水和食品安全的全球危机，使得寻求解决快速增长的世界人口的粮食问题、减少贫困并提高生活质量的土地利用方法已势在必行。

　　正如我在第一本书的末尾所说，解决这些全球性土地利用问题的唯一有效方法，是站在城市和乡村共同的角度，系统而全面地看待这些问题。乡村设计提供了一种新的设计思维方式，开创性地进行农业土地利用，以更广阔的视野来保持乡村文化、建筑和农业遗产。这同时也是找到转变创新性和可持续性概念的方法，开创性地为北美和世界上的每一个人提供健康和繁盛的未来。

　　由于建筑师的技术和宝贵经验，他们应该在这一转变过程中成为全球设计的领导者，同时将人类、动物和环境福祉融合到他们在城市、次城市和乡村的建筑项目中，探索综合而富于创新性的设计。

参考文献

Arabena, K. (2013) Regeneration: Healthy People in Healthy Landscapes—Addressing Wicked Problems of Our Time. Speech to the Public Health Association of Australia.

Brown, F.E. (1961) Roman Architecture (New York: George Brazilier).

Brown, T. (2009) Change by Design (New York: Harper Collins).

Brownell, B. (2012) Material Strategies: Innovative Applications in Architecture (New York: Princeton Architectural Press).

Butler, L. and Maronek D.K. (2002) Urban and Agricultural Communities: Opportunities for Common Ground.Paper for Agricultural Science and Technology, Ames, Iowa.

Corbet, J., Ritter, K., and Borenstein, S. (2015) A "victory for all of the planet": Nations pledge to slow global warming in historic pact, Associated Press article, December 12.

Curry, A. (2013) Archeology: The milk revolution, Nature, 500: 20–22.

Design Futures Council (2013) Leadership Summit on Sustainable Design, www.designfuturescouncil.org, accessed September 17, 2013.

Downes, L. and Nunes, P. (2014) Big Band Disruption: Strategy in the Age of Devastating Innovation (New York: Portfolio/Penguin).

Ellis, E.C. (2013) Sustaining biodiversity and people in the world's anthropogenic biomes, Current Opinion in Environmental Sustainability, http://dx.doi.org/10.1016/j.consust. 2013.07.002.

Endersby, E., Greenwood, A., and Larkin, D. (1992) Barn: The Art of a Working Building (Boston: Houghton Mifflin Company).

Falk, C. (2012) Barns of New York (Ithaca: Cornell University Press).

Fisher, T. (2011) The Divergent College of Design, Emerging (College of Design at the University of Minnesota), Spring.

Fisher, T. (2013) Designing to Avoid Disaster (New York: Routledge).

Florida, R. (2002) The rise of the creative class: Why cities without gays and rock bands are losing the economic development race, Washington Monthly, May, www.washingtonmonthlycom/features/2001/2005/florida.html, accessed September 17, 2013.

Foster, T. and Gets Escudero, A. (2014) City Regions as Landscapes for People, Food, and Nature (Washington, DC: EcoAgriculture Partners).

Gjerde, J. (1985) From Peasants to Farmers: The Migration from Balestrand Norway to the Upper Middle West (Cambridge: Cambridge University Press).

Glenn, J. (2007) Global prospects, in Hopes and Visions for the 21st Century, ed. T. C. Mack (Bethesda, MD: World Future Society).

Heinberg, R. (2010) What is sustainability? In The Post Carbon Reader: Managing the 21st Century's Sustainability Crisis (Healdsburg, California: Watershed Media with Post Carbon Institute).

Howard, E. (1898/1902) Garden Cities of Tomorrow (Swan Sonnenschein and Co.).

Hundertwasser, F. (n.d.) Hundertwasser Non-Profit Foundation, Vienna, Austria, www.hundertwasser.com.

Hsiang, J. and Mendis, B. (2015) The City of 7 Billion: An Index, Association of Collegiate Schools of Architecture Annual Meeting 2013, apps.acsa-arch.org.

IBC (2006) International Building Code (Country Club Hills, IL: International Code Council, Inc.).

iCOMOS (2016) 2nd International Conference on One Medicine One Science, University of Minnesota, April.

King, V. (2012) Quinta Do Vallado Winery, ArchDaily, www.archdaily.com.

Knowd, l., Mason D., and Docking A. (2006) Urban Agriculture: The New Frontier. Paper presented at the Planning for Food Seminar in Vancouver in June 2006.

Koohafkan, P. and Altieri, M. (2011) Globally Important Agricultural Heritage Systems: A Legacy for the Future (Rome, Italy: UN FAO).

LEEDv4 (2016) Reference Guide for Building Design and Construction (Washington, DC: U.S. Green Building Council).

Mileto, C., Vegas, F., Soriano, L.G., and Cristini, V. (2014) Vernacular Architecture: Towards a Sustainable Future (Leiden: CRC Press).

Midwest Plan Service (n.d.) Swine Growing and Finishing Buildings (Ames, IA: Iowa State University).

Mithun Architects (2015) Center for Urban Agriculture, http://mithun.com/centerforurbanagriculture.

Moberg, V. (1951) The Emigrants (Stockholm, Sweden: Bonniers).

Moberg, V. (1951) Unto a Good Land (Stockholm, Sweden: Bonniers).

Moberg, V. (1961) The Last Letter Home (Stockholm, Sweden: Bonniers).

Murakami, H. (1989) A Wild Sheep's Chase, trans. A. Birnbaum (New York: Kodansha International).

Niedźwiecka–Filipiak I., Potyria J., and Filiipiak, P. (2015) The current management of thegreen infrastructure with the Wroclaw Functional Area, Architektura Krajobrazu/Landscape Architecture, 2/2015, 47: 4–25.

Peri–Urban (2014) International Conference on Peri–urban Landscapes: Water, Food and Environmental Security, University of Western Sydney, Australia, www.periurban14.org.

Purdom, C.B. (1925) The Building of Satellite Towns (London: J.M. Dent & Sons Ltd).

Roos, S., Hellevick, W., and Pitt, D. (2003) Environmental practices on dairy farms (unpublished CRD report for the Minnesota Milk Producers Association as part of their Environmental Quality Assurance Program) .

Rostovtzeff, M. (1957) The Social and Economic History of the Roman Empire, 2nd edn (Oxford: Clarendon).

ROTOR (2014) Behind the Green Door: A Critical Look at Sustainable Architecture through 600 Objects (Oslo Architecture Triennale).

Rudofsky, B. (1977) The Prodigious Builders (New York and London: Harcourt Brace Jovanovich, Inc.).

Scully, V. Jr. (1960) Frank Lloyd Wright (New York: George Braziller, Inc.).

Seline, R. and Friedman, Y. (2007) Hubs and nodes: how I learned to stop worrying and love globalization, a chapter in Hopes and Visions for the 21st Century, ed. T.C. Mack (Bethesda, MD: World Future Society).

Senge, P. (2003) Creating the desired futures in a global economy, Reflections of the Society of Organizational Learning, 5, 2.

Smyre, R. (2007) The three triangles of transformation. in Hopes and Visions for the 21st Century, ed. T.C. Mack (Bethesda, MD: World Future Society).

Snyder, T. (2015) Black Earth: The Holocaust as History and Warning (New York: Penguin Random House).

Stem, R. (2015) Letter from the dean, Retrospecta 38 (Yale School of Architecture).

Taylor, J. (1993) Complete Guide to Breeding and Raising Racehorses (Neenah, WI: Russell Meerdink Company, Ltd.)

Thilla, R. (2015) Solutions can come from slums, The Hindu.

Thorbeck, D. (2012) Rural Design: A New Design Discipline (New York: Routledge).

Thorbeck, D. and Troughton, J. (2015) Rural design: connecting urban and rural futures through rural design, in Balanced Urban Development (New York: Springer).

Troughton, J. (2014) Australia 21 Shaping the Future Landscape, a curriculum program for rural primary schools.From a proposal for curriculum change in Australia.

UN DESA (2015) United Nations Department of Economic and Social Affairs 2015 Population Predictions, www.un.org/development/desa/en/.

UN-FAO (2002) Globally Important Agricultural Heritage System, www.fao.org.

UN-Habitat (2015) United Nations Sustainable Development Summit to adopt the 2030 Agenda for Sustainable Development, www.unhabitat.org.

United Nations World Commission on Environment and Development (1987) Our Common Future. Brundtland Report (Oxford: Oxford University Press).

WGDO (2015) World Green Design Organization overview of the World Rural Development Committee inaugural ceremony in Beijing.

Wilson, E.O. (1984) Biophilia (Cambridge: Harvard University Press).

WRDC (2015) Charter approved by committee vote at October 25, 2015 meeting in Beijing, China.

Yale News (2015) City of 7 Billion exhibit by J. Hsiang and B. Mendis in School of Architecture, http://news.yale.edu/2015/05/27/yale-architecture-exhibition.

图片来源

除了以下所列出的内容，本书中其他的照片和插图均由作者拍摄或绘制：

1.1	David and Claire Frame
1.3	Kathy Imle
2.1	Bardo Museum, Tunis from Ben Abed（2006）
2.2, 2.3	National Trust, Swindon
2.4	Otter Tail County Historical Society
2.7	Jim Gallop
2.10, 2.11, 2.12, 2.13, 2.14, 2.15, 2.16	David and Claire Frame
2.17, 2.18, 2.19	Andrew Wald
2.20, 2.21	Xiaomei Zhao
2.22	Yue Jia
3.2	Metal Sales Company
3.3	Center for Rural Design
3.11, 3.12	Laura Donnell
3.15	Duncan Taylor
4.6	Wensman Company
4.7, 4.8, 4.9, 4.10, 4.11	Jeremy Bitterman
4.12, 4.13, 4.14, 4.15	Michael Nicholson
4.16, 4.17, 4.18, 4.19	Jiri Havran
4.21, 4.22, 4.23, 4.24, 4.25	Roberto de Leon
4.26, 4.27, 4.28, 4.29, 4.30, 4.31	John Lin
4.32, 4.33, 4.34, 4.35, 4.36, 4.37	Alberto Placido
4.38, 4.39, 4.40, 4.41	Qingyun Ma
4.43	St. Paul's Farmer's Market

4.48	U of MN Center for Sustainable Building Research
5.1, 5.2	Midwest Plan Service
5.4, 5.5, 5.6	Riverview Dairy
6.1, 6.2, 6.3	Mary Ann Ray
6.4, 6.5	Jeff McMinenum
6.6, 6.7	Avant Energy
6.8, 6.9, 6.10, 6.11	Irena Niedźwiecka–Filipiak
7.3, 7.4	Mithun Architects
7.5	Anja Fahrig, © 2016 Hundertwasser Archive, Vienna
7.6	John Troughton
7.8	Carver County Historical Society
8.2	David Hanson, UMN Experiment Station
8.3	David and Claire Frame
9.3	Evelyn Kolditz, Viking River Cruise

索引

本索引列出页码均为原英文版页码。为方便读者检索，
已将英文版页码作为边码附在中文版相应句段一侧。

译后记

乡村作为推进我国"新型城镇化"战略的重点领域，其发展和建设已经成为当前研究和实践的热点。乡村也是承载"记住乡愁"这一最终梦想的家园。尽管近年国内部分地区已积极开展了一系列的乡村规划实践活动和经验探索，但是关于如何充分认识乡村地区的地位和作用，如何构建乡村的健康可持续发展模式，如何解决乡村发展过程中的困境，如何实现乡村居民的成长等根本性的问题，都缺乏完善的理论指导和更富价值的经验。而本书的研究不仅填补了乡村规划和设计领域的空白，也为系统性地解决乡村问题提供了一个全新的视角。

作者认为，在过去五十年当中，全球不同地区的乡村都在经历着深刻的变化，当地村民以及乡村环境时刻都在面临巨大挑战和压力。作为一位在世界范围内研究乡村规划和设计的先锋学者，作者提出了"乡村设计"的概念和方式。他认为"乡村设计"与"城市设计"的基本目标类似，都包含了对人们生活品质的提升，但与传统"城市设计"概念不同之处在于，"乡村设计"关注的重点并非具体的物质空间建设，而是通过识别出乡村地区的核心价值和内在动力，运用"设计"方法来整合多学科，从而解决乡村地区在工程技术、经济产业、社会发展等不同领域的问题，并最终实现乡村地区可持续发展。"乡村设计"实则是一个更为综合的过程。

作者在书中列举了全世界各个地区的乡村设计案例，从发达国家美国的乡村农场，到发展中国家缅甸的小村庄，涵盖了几乎各种类型的乡村。通过大量翔实的案例，让我们对全球目前乡村地区的状况窥见一斑，了解到乡村地区的经济、社会和生态所面临的各种问题。我们也欣喜地看到，许多乡村地区在发展过程中，进行了突破以往建筑和规划观念的创新尝试，在保护乡村历史遗产和生态景观环境的基础上实现了村庄的可持续发展，有不少可借鉴的成功经验。

作者还在书中分享了他在游览世界各地乡村地区时绘制的大量优美生动的建筑草图，令人深切为其对设计工作的热爱所打动。同时，我们能感同身受地体会到作者作为移民农民的后代，对乡村怀有本能和自然的深刻情感。

感谢本书的责任编辑李婧在翻译过程中给予我们的热心帮助和全力支持；感谢我们的建筑师朋友贺静、张兵和孙菁芬等与我们多次交流，为文中的专业建筑术语的翻译提供了宝贵意见；本书中第 2 章（乡村建筑的传统）和第 7 章（过渡地带的景观）由梁庄翻译，第 1 章（引言）和第 8 章（乡村的未来）由卓佳翻译，其余章节由张昊翻译。由于译者水平有限，译文中的错误之处在所难免，恳请读者们提出宝贵意见和建议。

译者

2018 年 11 月